Christian Zeppetzauer
Das große Buch vom Drechseln

stv

Christian Zeppetzauer

Das große Buch vom Drechseln

Leopold Stocker Verlag
Graz – Stuttgart

Umschlaggestaltung: DSR Werbeagentur Rypka GmbH, 8143 Dobl, www.rypka.at
Titelbild: Mona Lorenz
Bildnachweis: Alle Bilder sowie alle Zeichnungen wurden dem Verlag freundlicherweise vom Autor zur Verfügung gestellt.

Bibliografische Information der Deutschen Nationalbibliothek
Die Deutsche Nationalbibliothek verzeichnet diese Publikation in der Deutschen Nationalbibliografie; detaillierte bibliografische Daten sind im Internet unter http://dnb.d-nb.de abrufbar.

Hinweis: Dieses Buch wurde auf chlorfrei gebleichtem Papier gedruckt. Die zum Schutz vor Verschmutzung verwendete Einschweißfolie ist aus Polyethylen chlor- und schwefelfrei hergestellt. Diese umweltfreundliche Folie verhalt sich grundwasserneutral, ist voll recyclingfähig und verbrennt in Mullverbrennungsanlagen völlig ungiftig.

Auf Wunsch senden wir Ihnen gerne kostenlos unser Verlagsverzeichnis zu:
Leopold Stocker Verlag GmbH
Hofgasse 5/Postfach 438
A-8011 Graz
Tel.: +43 (0)316/82 16 36
Fax: +43 (0)316/83 56 12
E-Mail: stocker-verlag@stocker-verlag.com
www.stocker-verlag.com

ISBN 978-3-7020-2013-2

Layout und Repro: DSR Werbeagentur Rypka GmbH, 8143 Dobl

Inhalt

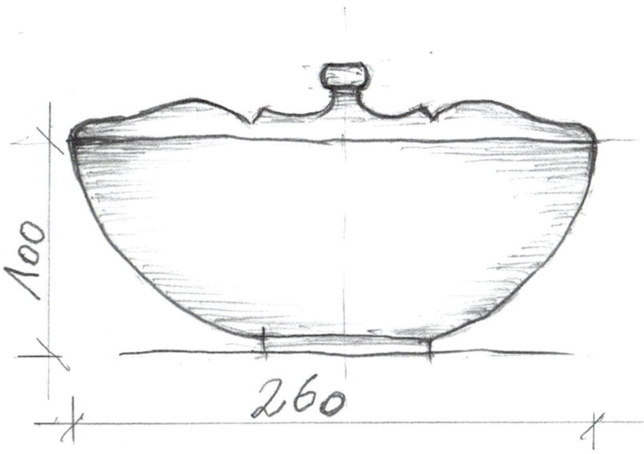
100
260

Liebe Leserinnen, liebe Leser!

Gibt man den Begriff „Handwerk“ in einer renommierten Internetenzyklopädie ein, so erhält man folgende Antwort.

Als Handwerk (lat. Opus manuum) werden zahlreiche gewerbliche Tätigkeiten bezeichnet, die Produkte meist auf Bestellung fertigen oder Dienstleistungen auf Nachfrage erbringen.

Ich persönlich glaube, dass das Handwerk viel mehr ist als eine Tätigkeit oder eine Leistung auf Bestellung. Handwerk ist die Gnade, durch seine eigene Fertigkeit, seine Erfahrung, sein Wissen und Geschick, Kreatives entstehen zu lassen. Handwerk kann etwas Beruhigendes, Entspannendes und Befriedigendes sein. Man könnte behaupten, dass eine freudebringende Tätigkeit etwas Meditatives ist. Ist es doch etwas Schönes, seine Zeit mit einer handwerklichen Tätigkeit sinnvoll zu verbringen.

Natürlich müssen Unternehmen gewinnorientiert denken und das Handwerk wirtschaftlich ausüben. Oft sind es nur Kleinigkeiten, welche ein Produkt von den Massenwaren unterscheidet. Eine gediegene Arbeit muss nicht zu Tausenden Stückzahlen produziert werden, um später am Markt billig verschleudert werden zu müssen.

Wertschätzung und Anerkennung sind oft der Lohn für eine gute Arbeit. Der uralte Spruch „Handwerk hat goldenen Boden“ bewahrheitet sich immer noch. Ich bin überzeugt, egal welchen Zeiten wir entgegengehen, dass die Handwerkenden immer ihr Auslangen haben werden.

Dieses Buch wendet sich hauptsächlich an den bereits erfahrenen Drechsler, welcher schon einige Erfahrungen bei dieser Tätigkeit gesammelt hat. Ich habe mich bemüht, die einzelnen Werkstücke mit Bild und Text so verständlich wie möglich darzustellen. Besonders möchte ich erwähnen, dass ich weder Fotodesign noch Germanistik studiert habe. Es war mir ein Anliegen, den Drechslerinnen und Drechslern die Vielfältigkeit sowie schon fast vergessene Techniken des Drechslerhandwerks näher zu bringen.

Ich wünsche jeder Leserin und jedem Leser viel Freude und Erfolg bei der Ausübung ihres Handwerks.

Ing. Christian Zeppetzauer

Vierflammiger Kerzenleuchter

In diesem Buch möchte ich mich unter anderem mit der Fertigung von Kerzenleuchtern befassen. Haben heutzutage solche Leuchter weniger Bedeutung als in Zeiten, in denen Strom noch ein Fremdwort war, so können diese auch heute noch einen sinnvollen Zweck verrichten. In Kirchen und Kapellen zu besonderen Anlässen oder einfach nur bei einem romantischen Abend sind diese Gegenstände keinesfalls veraltet.

War ein Kerzenleuchter in früheren Zeiten ein alltäglicher Gebrauchsgegenstand, so ist jener in heutiger Zeit oft nur ein dekorativer Gegenstand. Wobei ein Kerzenleuchter bei Stromausfall durchaus seiner Bestimmung gerecht wird. Bei dem einen oder anderen romantischen Abend zu zweit darf ein flammender Kerzenleuchter dennoch nicht fehlen.

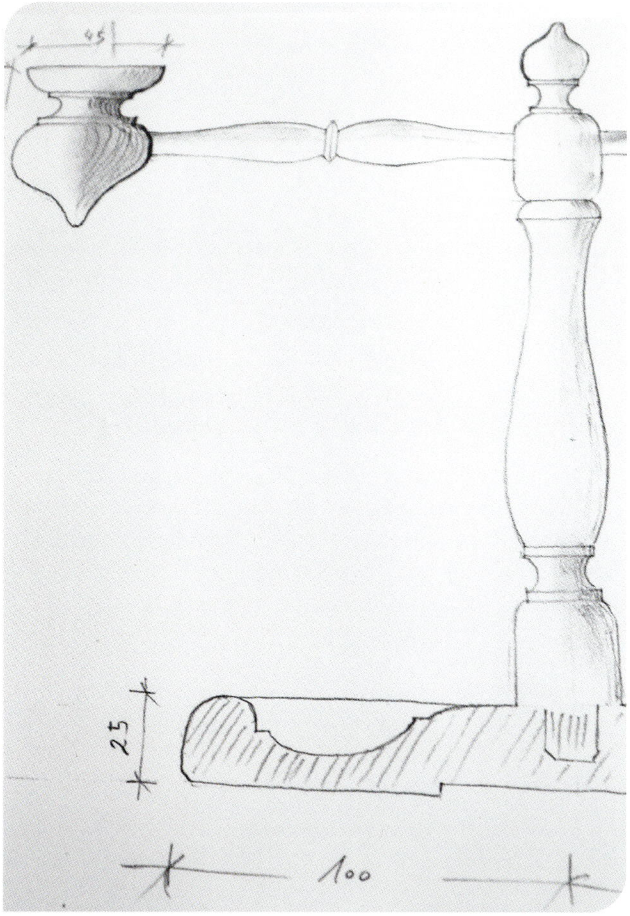

1 Alles beginnt mit einer Idee. Der Drechsler visualisiert bereits geistig das fertige Produkt. Um diese Vision verwirklichen zu können, bedarf es einer Zeichnung, eines Plans oder einer Skizze. Der Drechsler sitzt nicht stundenlang am Reißbrett, sondern ihm genügt oft nur eine einfache Handskizze, welche die wichtigsten Proportionen und Maße enthält.

2 Dieser Leuchter besteht aus einem Unterteil, einem Mittelstück, den Armen und den Kerzenhaltern mit den Messingspitzen. Er ist aus Apfelholz gefertigt und besteht aus Längs- sowie Querholzteilen. Die einzelnen Teile werden mit Hilfe der Bandsägemaschine hergerichtet. Der Unterteil wird aus Querholz gefertigt, wobei die restlichen Teile aus Längsholz sind. Es wird empfohlen, in der Länge, in der Decke und im Durchmesser etwas Übermaß zu geben, wobei dieses Übermaß bei den Längsholzteilen wesentlich größer zu sein hat.

3 Der Kerzenleuchter besteht unter anderem aus vier Kerzenhaltern, welche aus Längsholz hergestellt werden. Die Form besteht aus einem Rundstab, einer Hohlkehle und einem Karnies und ist somit kein großer Arbeitsaufwand mit geringem Schwierigkeitsgrad. Da diese Teile fliegend gedrechselt werden, ist beim Zuschnitt dieser darauf zu achten, dass ein Übermaß von 4 Zentimetern zugegeben werden muss, da das Werkstück ins Einschlagfutter geschlagen wird. Auch das durch den Mitnehmer entstandene Loch im Hirnholz muss abgedrechselt werden.

4 Der Teil wird zwischen Mitnehmer und Mitlaufkörner eingespannt und rund gedrechselt. In weiterer Folge wird der Konus für das Einschlagfutter gedrechselt, wobei der gedrechselte Konus mit viel Genauigkeit gemacht werden muss, um einen perfekten Sitz und somit einen guten Halt zu erreichen.

5 Mit einem Hammer und kräftigen Schlägen wird das Werkstück in das Futter geschlagen. Danach wird der Kerzenhalter auf den richtigen Durchmesser gebracht. Für diesen Drechselschritt wird ein mittlerer Meißel verwendet, um eine saubere Oberfläche zu erlangen.

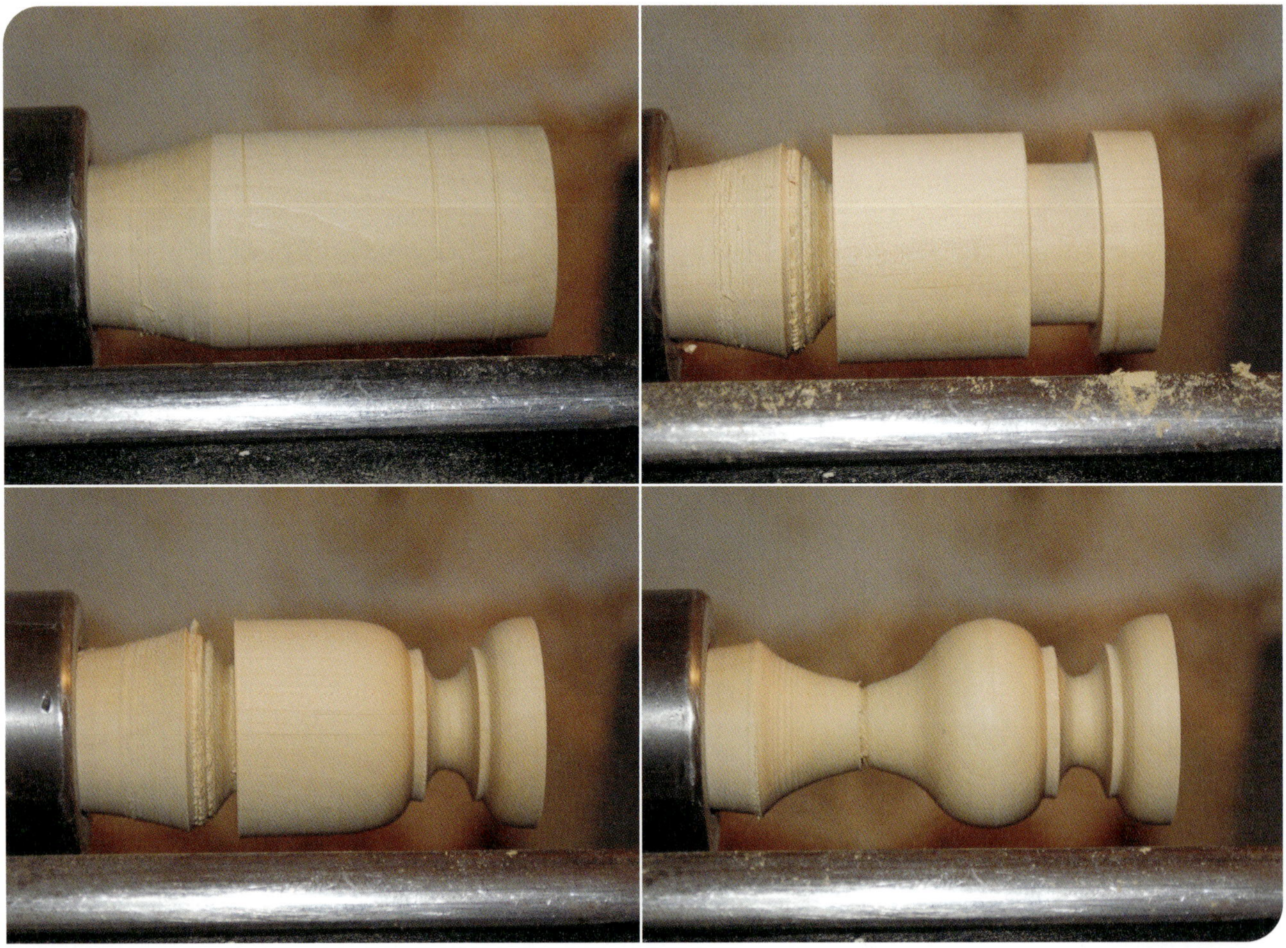

6 Ist die gerade Walze auf den Durchmesser gebracht, werden mit dem Spitzzirkel die einzelnen Maße aufgetragen. Mit dem Meißel wird gerade eingestochen, um die einzelnen Formen zu fixieren. Danach werden Rundstab und Hohlkehle geformt. Der Karnies wird vorerst noch nicht vollständig geformt, da stirnholzseitig noch ein Loch gebohrt werden muss.

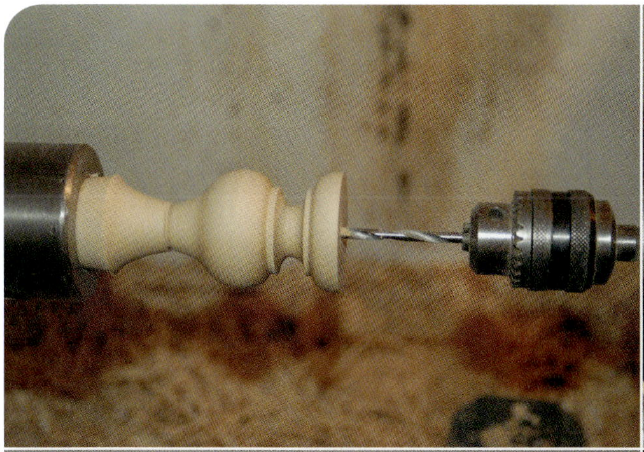

7 Anstatt des Körners wird in der Pinole ein Bohrfutter fixiert, in dem ein Bohrer eingespannt wird. Nun kann mühelos das Loch für den Messingdorn gebohrt werden. Es wird empfohlen, die Drehzahl der Drechselbank etwas zu reduzieren, um die Reibung und somit ein Erhitzen des Bohrers zu verringern. Nach diesem Arbeitsschritt kann der Kerzenhalter fertig gedrechselt, geschliffen und abgetrennt werden.

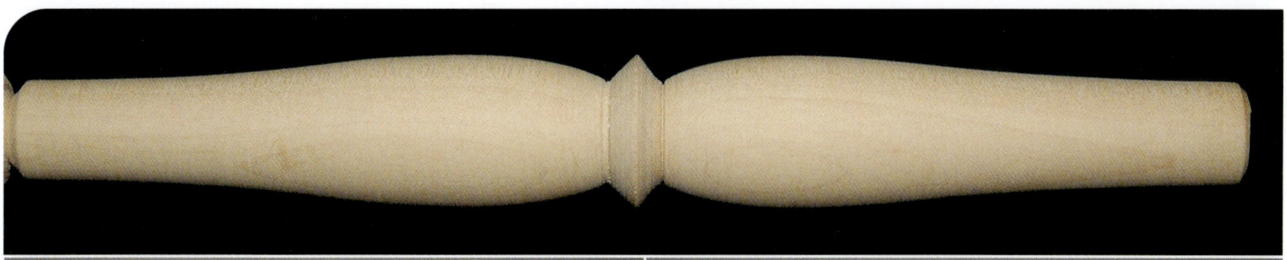

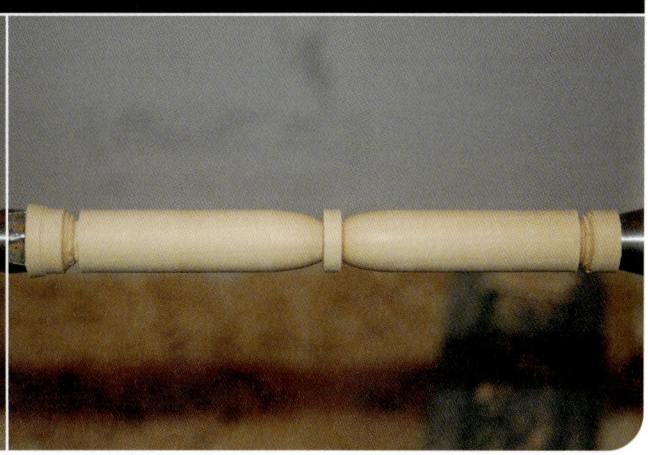

8 Nun werden die vier Arme gedrechselt, welche die Kerzenhalter tragen sollen. Das Längsholzstück wird eingespannt und rund gedrechselt. Hat das Werkstück den richtigen Durchmesser, werden die einzelnen Maße aufgetragen, wobei an beiden Enden genügend Übermaß (ca. 10 Millimeter) vorhanden sein muss. Nun kann mit der Formgebung begonnen werden.

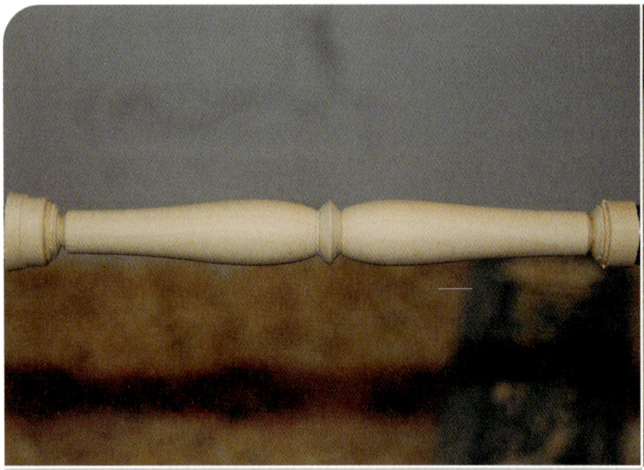

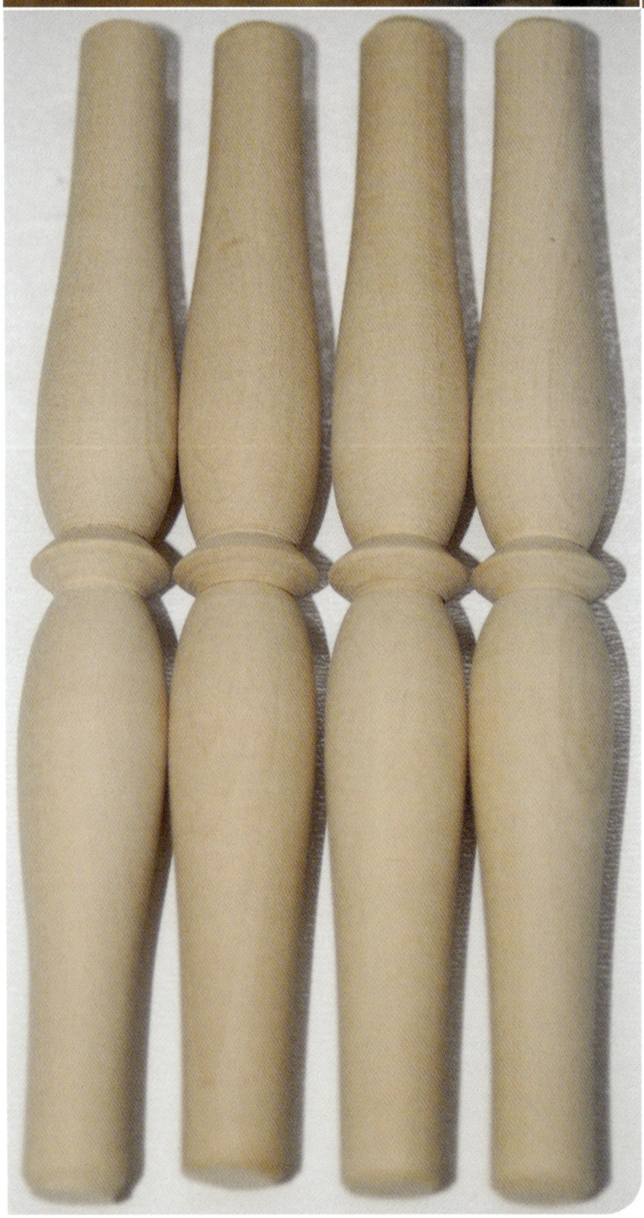

9

Nachdem die Form festgelegt worden ist, wird eine Rundung gedrechselt, welche in einen Karnies überläuft. In der Mitte entsteht ein Spitzstab. An beiden Enden bleibt ein Stück stehen, welches später abgetrennt wird. Links und rechts wird eine kleine Fase gedrechselt, welche den späteren Zusammenbau erleichtert. Ist die Oberfläche des Armes sauber geschliffen, wird das Werkstück ausgespannt. Mit einer Säge werden die Enden von Hand abgesägt.

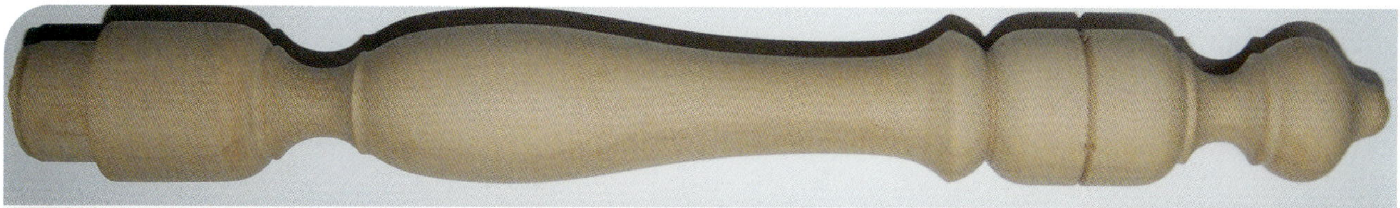

10 Das Mittelstück, das ebenfalls aus Längsholz zugeschnitten worden ist, wird eingespannt und rund gedrechselt. Am linken Ende wird ein Zapfen gedrechselt, der später in den Unterteil geleimt wird. Nachdem die einzelnen Maße aufgetragen wurden, kann mit dem Formen begonnen worden.

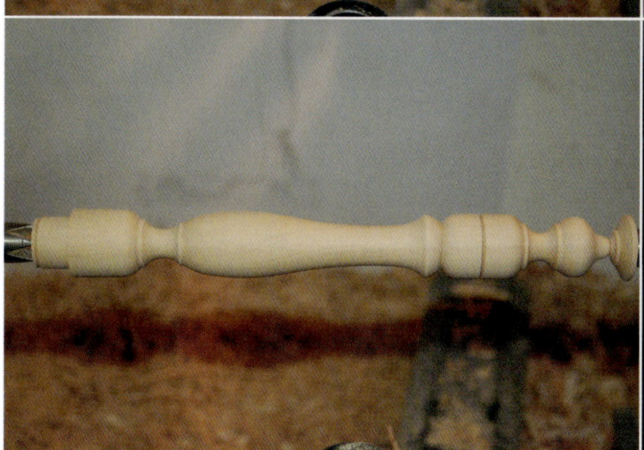

11 Der Zapfen wurde wiederum mit einer Fase versehen. Als Erstes entstehen die verschiedenen Rundungen. Danach werden die einzelnen Hohlkehlen gefertigt. Zum Schluss werden die Karniese gedrechselt. Eine kleine Rille, in die die Arme eingebohrt werden, sichert die gleiche Höhe dieser.

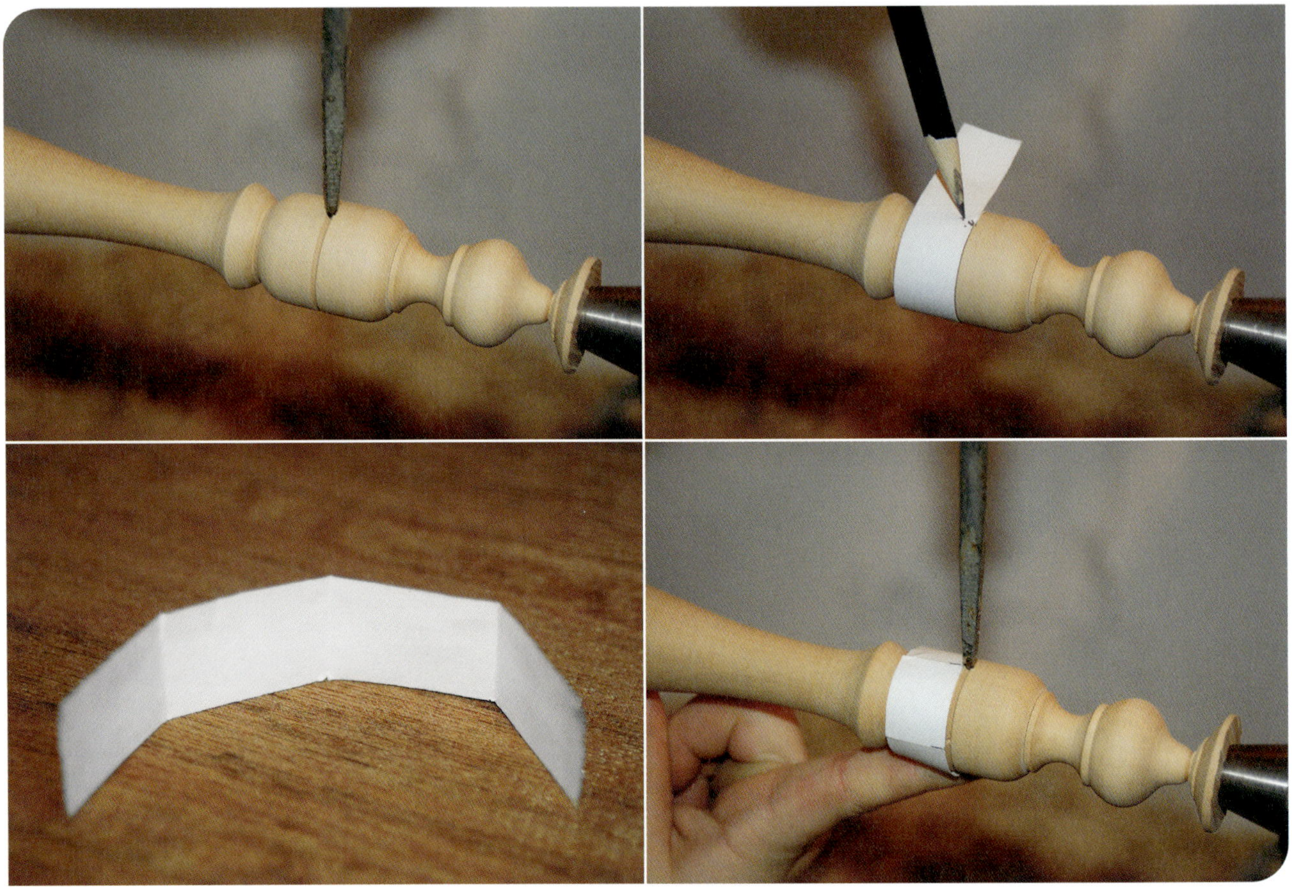

12 Nun müssen die Löcher für die Arme markiert werden. Mit einem Spitzbohrer wird beliebig an der Kerbe eingestochen. Ein Papierstreifen wird um das Werkstück gelegt und der Umfang wird angezeichnet. Der Streifen wird auf dieses Maß abgeschnitten und dreimal gefaltet, sodass vier gleiche Teile entstehen. Der Papierstreifen wird nochmal um das Werkstück gelegt und die vier Teile werden an den Falten angestochen. Somit wurde der Umfang in vier gleich große Teile geteilt.

13 Der Unterteil ist mit der Bandsäge aus Querholz kreisrund ausgeschnitten worden. Er soll dem Kerzenleuchter die nötige Standfestigkeit verleihen.

14 Die Scheibe wird mittels Schrauben auf der Planscheibe montiert.

15 Nachdem der Unterteil plan gedrechselt worden ist, wird der Innenfalz für das mechanische Aufspannfutter gemacht. Die Unterseite kann fertig geschliffen werden.

16 Das Werkstück wird nun von der anderen Seite am Falz mit dem Spannfutter gespannt.

17 Nachdem die Tiefe festgelegt worden ist, werden die Rundungen gedrechselt. Zum Schluss entsteht noch eine Hohlkehle. Im Zentrum des Unterteils wird mit der Meißelspitze eine kleine Kerbe gestochen, um später den Bohrer zentrieren zu können.

18 Die verschiedenen Einzelteile sind nun gefertigt und können miteinander verbunden werden.

19 Mit einem Zentrierspitzenbohrer werden auf der Ständerbohrmaschine die einzelnen Löcher mit der vorgegebenen Tiefe gebohrt. Dabei liegt das Werkstück zischen zwei Dreikantleisten, welche auf einer Platte verleimt worden sind. Dadurch wird ein Verdrehen oder Verrutschen des Werkstücks verhindert.

20 Das Werkstück muss stets ordentlich festgehalten werden, um Verletzungen zu vermeiden.

21 Nachdem sämtliche Bohrungen gemacht worden sind, beginnt der Zusammenbau. Die einzelnen Teile werden miteinander verleimt, wobei stets das Zapfenloch sowie der Zapfen mit Leim eingestrichen wird. Es sollte sparsam beleimt werden, da der austretende Leim bei gedrechselten Formen nur sehr schwer zu entfernen ist. Ist dies dennoch der Fall, empfiehlt sich ein feuchtes Tuch, mit dem der Leim entfernt werden kann.

22 Die Dorne, in denen die Kerzen stecken und wo sie somit Halt finden sollen, sind aus Messing gefertigt. Dazu schneidet man sich vier Messingschrauben mit einem Durchmesser von etwa 5 Millimetern auf die gewünschte Länge ab. Danach wird ein Bohrfutter an der Spindel der Drechselbank montiert, in dem die zugerichtete Schraube so eingespannt wird, dass ca. 6 Millimeter herausragen.

23 Mit einer scharfen Eisenfeile wird der Zapfen gefeilt. Um das Bohrfutter nicht zu beschädigen, befindet sich der unbehauene Teil der Feile beim Bohrfutter. Für diesen Arbeitsschritt kann eine grobe Feile verwendet werden, da eine rauhe Oberfläche besser verklebt werden kann.

24 Mit einer Schiebelehre wird stetig gemessen, bis der richtige Durchmesser erreicht ist.

25 Danach wird der Messingdorn umgespannt, um die Spitze zu feilen. Langsam und mit wenig Druck wird so lange gefeilt, bis die Spitze fertig ist. Anfangs verwendet man eine grobe Feile, die zum Schluss hin immer feiner wird.

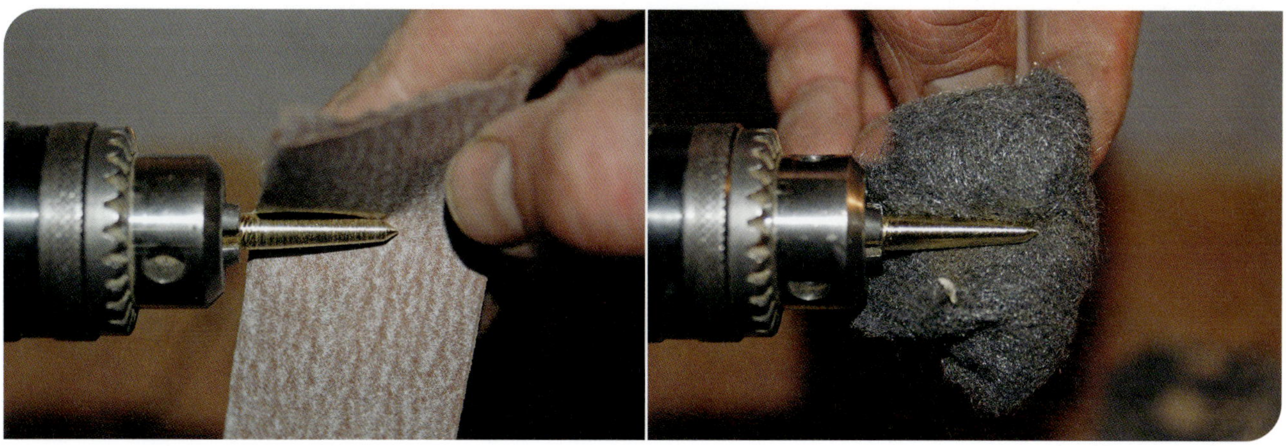

26 Der Messingdorn wird jetzt mit einem feinen Schleifpapier (Korn 240 oder feiner) geschliffen und zuletzt mit einer Stahlwolle aufpoliert.

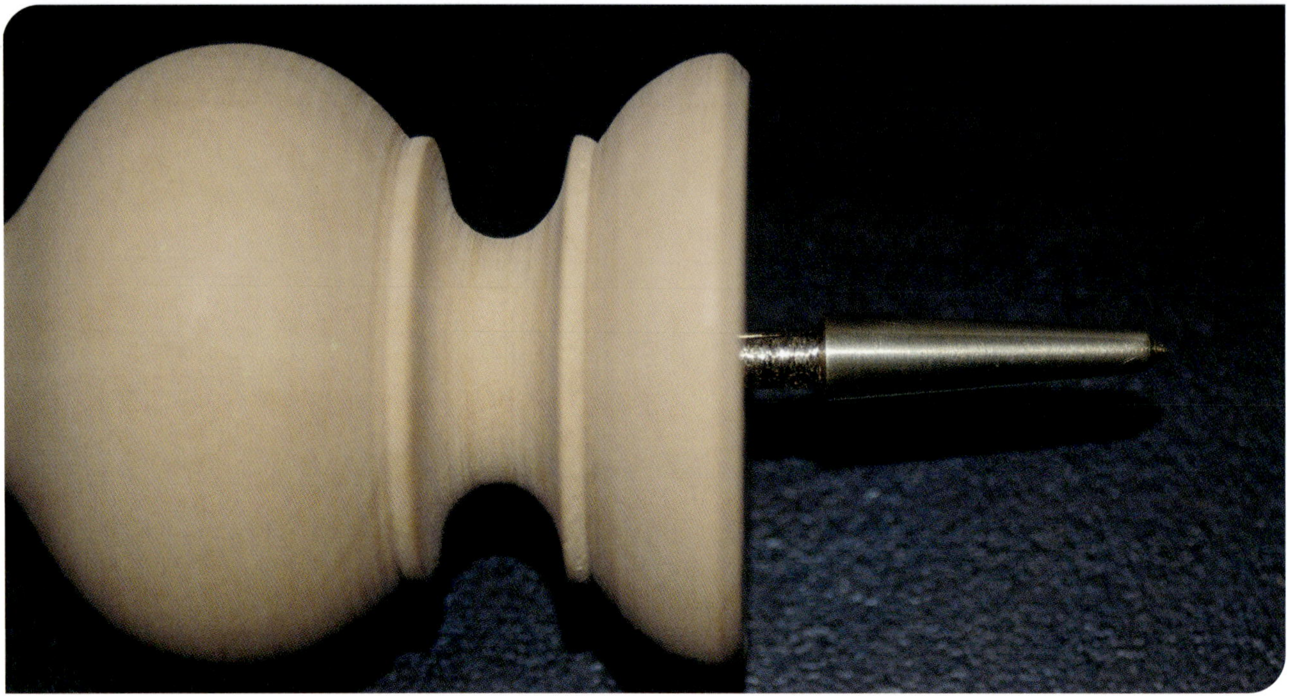

27 Je länger geschliffen wird und je feiner die Körnung des Schleifpapiers ist, desto schöner wird die Oberfläche.

28 Danach können die Messingspitzen in die Kerzenhalter geklebt werden. Dazu eignet sich am besten handelsübliches Silikon.

Nachdem die Oberfläche des Leuchters mit einem Lack behandelt wurde, kann dieser mit Kerzen bestückt werden.

Einfach gewundener Kerzenleuchter

Die Herstellung eines Wundes zählt nicht unbedingt zu den typischen Drechslerarbeiten, dennoch wird diese Tätigkeit vorwiegend von Drechslern beherrscht. Es war mir ein besonderes Anliegen, den Leserinnen und Lesern dieses Buches diese uralte Technik zu vermitteln. Heutzutage ist eine maschinelle Herstellung von diversen Windungen längst kein Problem mehr. Dennoch bin ich der Überzeugung, dass der handwerklich hergestellte Wund eindeutig zu erkennen ist. Die Steigung eines Wundes kann individuell variieren. Ich möchte jedem Handwerkenden, welcher sich zum ersten Mal mit diesem Thema befasst, empfehlen, zuerst ein sehr weiches Holz, wie Zirbe, Fichte, Linde usw., zu verwenden.

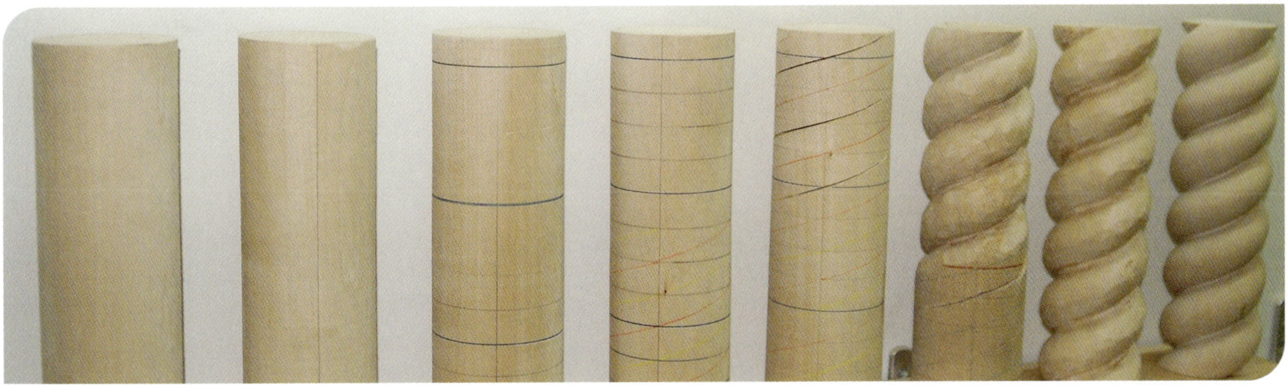

1 Nachdem das Holz für den Kerzenleuchter zugerichtet worden ist, wird das Längsholz für den Wund eingespannt.

2 Ist die Form gedrechselt, muss der Umfang des Werkstückes in 4 gleiche Teile geteilt werden. Dazu wird parallel zur Handauflage ein Bleistiftriss der Länge nach aufgetragen.

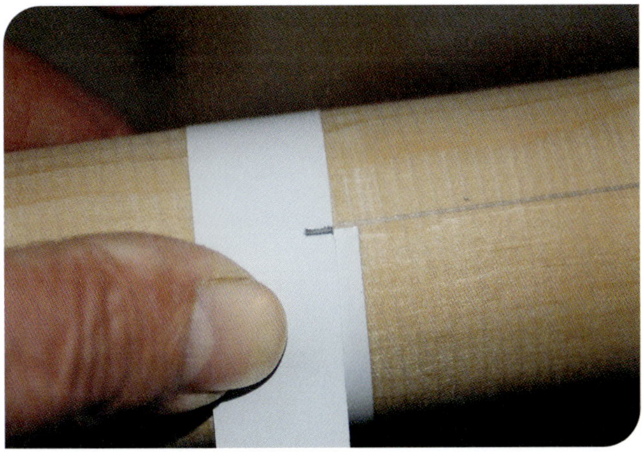

3 Danach wird ein Papierstreifen um die Säule gewickelt und am Ende markiert.

4 Nachdem der Streifen abgeschnitten worden ist, wird dieser dreimal gefaltet, um vier gleiche Teile zu erhalten.

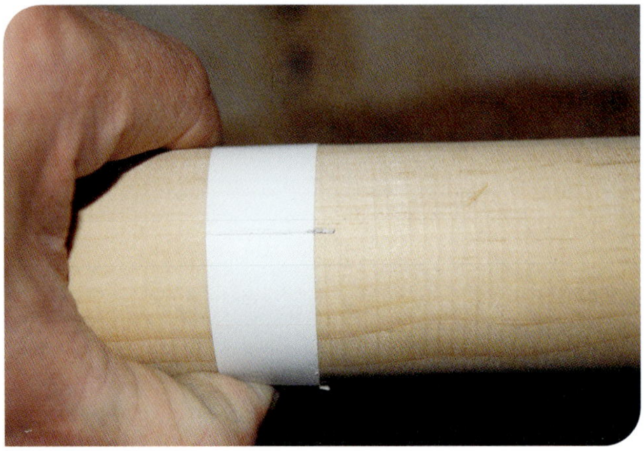

5 Der Papierstreifen wird abermals um den Umfang geschlagen und die gefalteten Kanten übertragen.

6 Die Linien werden an der Längsachse aufgetragen.

7 Danach wird mit der Teilung begonnen.

8 Mit der Schiebelehre wird der Durchmesser abgenommen.

9 Dieses Maß wird halbiert und mit dem Spitzzirkel aufgetragen.

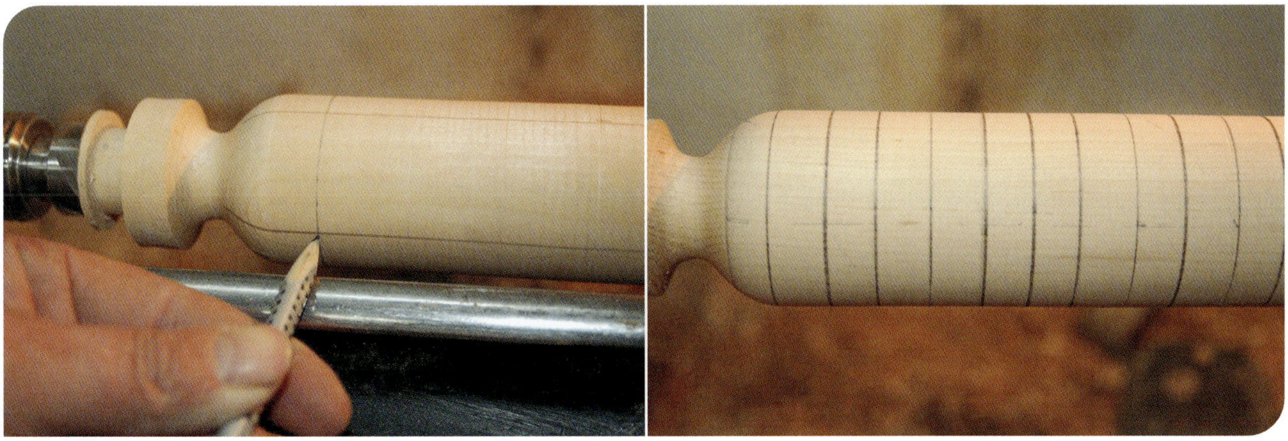

10 Mit dem Bleistift werden die Linien besser sichtbar gemacht.

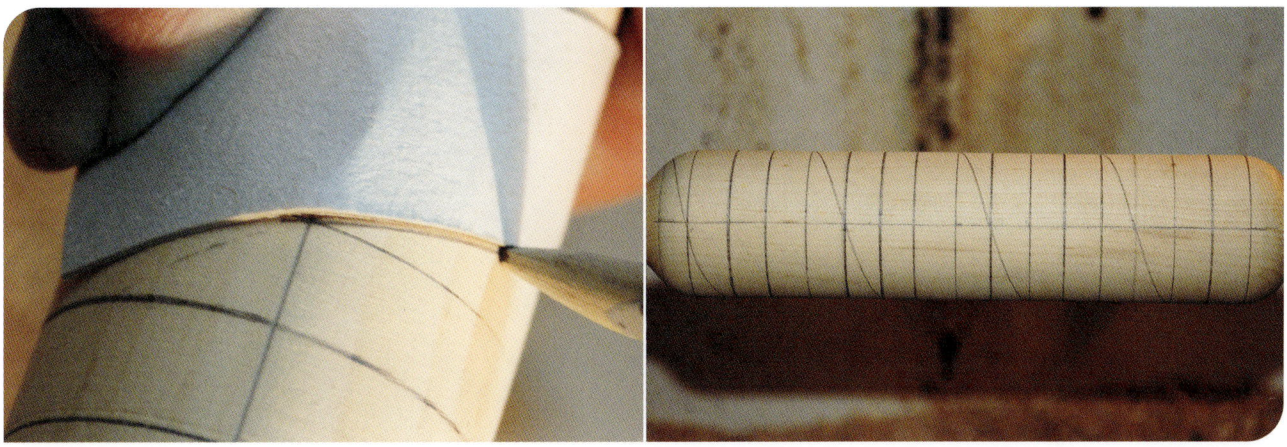

11 Nun werden mit einem Stück Karton die Schnittpunkte verbunden.

12 Mit der Säge wird an der Linie eingeschnitten.

13 Mit einem Klebestreifen habe ich die Tiefe von ca. 1 Zentimeter definiert.

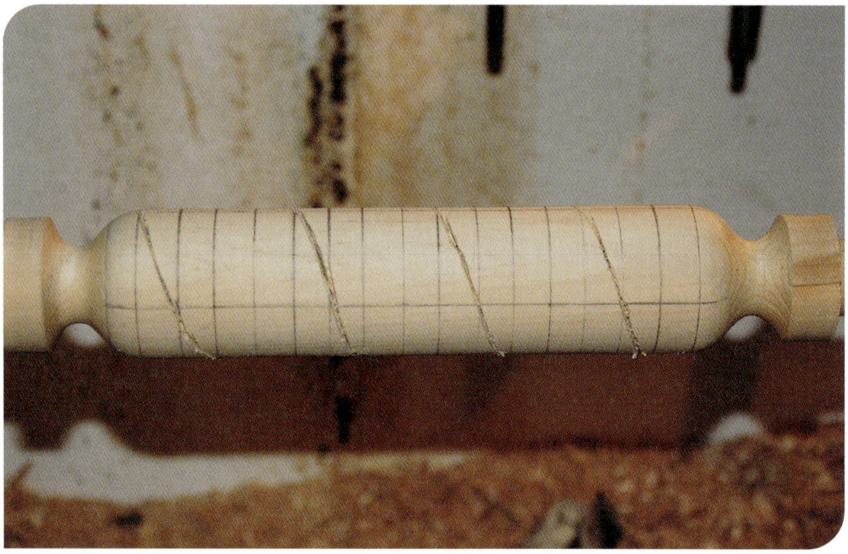

14 Dieser Arbeitsschritt muss langsam und in kleinen Schritten ausgeführt werden.

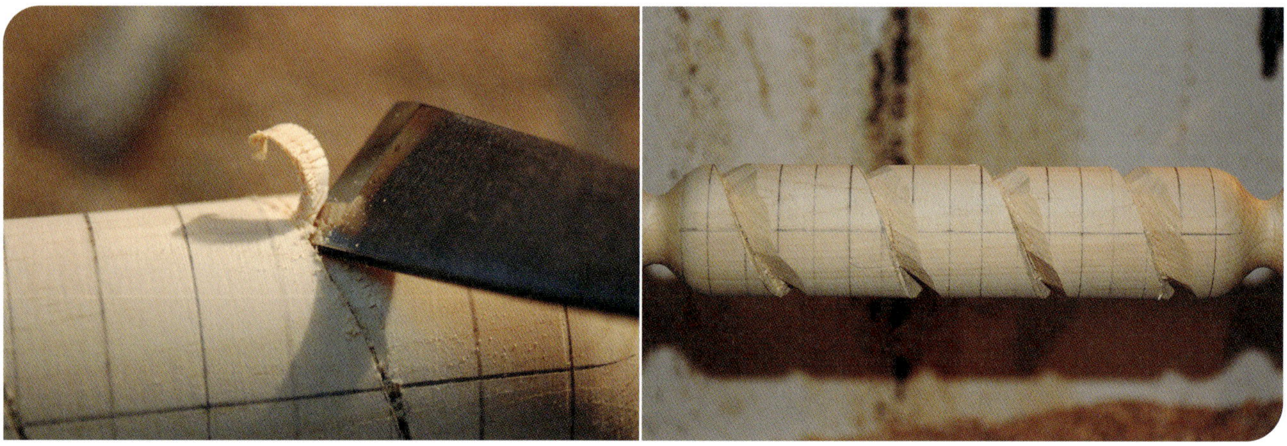

15 Mit einem Schnitzeisen – wahlweise kann auch ein Stemmeisen verwendet werden – wird eine Kerbe geschnitten.

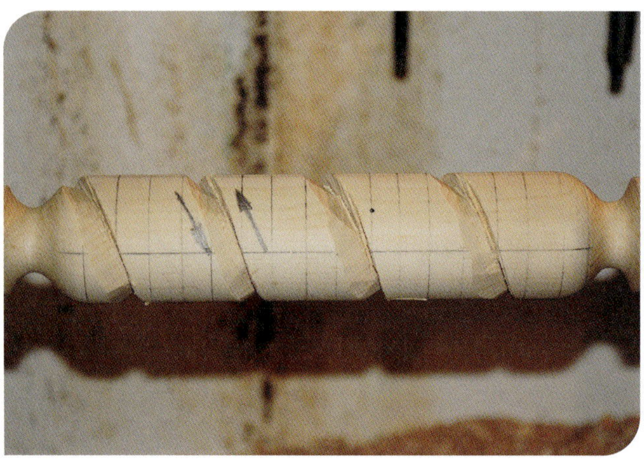

16 Dabei muss man immer in Richtung des Faserverlaufs arbeiten. Würde man gegen die Faser schneiden, wäre ein Splittern des Holzes die Folge. Das Werkstück wird umgespannt, um die Kerbe an der anderen Seite des Schnittes zu schneiden.

17 Mit einer Raspelfeile wird der Grund des Wundes gefeilt.

18 Die Tiefe sollte dabei annähernd gleichmäßig verlaufen.

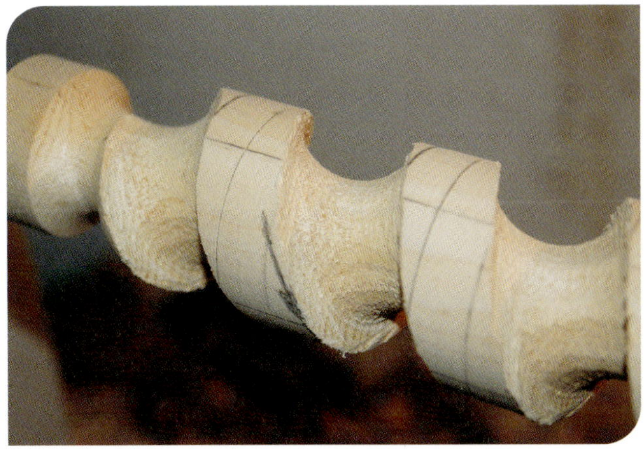

19 Man sollte darauf achten, dass eine gleichmäßige Hohlkehle entsteht.

20 Danach wird der Rundstab geformt.

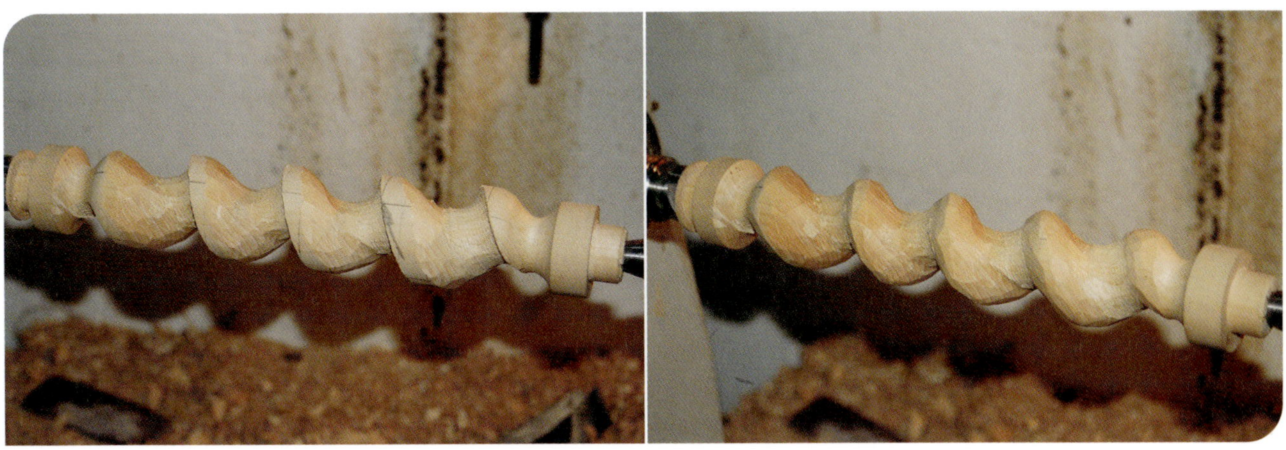

21 Bei diesem Arbeitsschritt muss das Werkstück ebenfalls gewendet werden.

22 Wenn der Wund fertig geschnitten worden ist, kann mit dem Schleifen begonnen werden.

23 Mit der niedrigsten Drehzahl der Drechselbank wird bei laufender Spindel der Grund mit einem Leinenschleifpapier geschliffen. Dabei wird das Schleifmittel in die Hohlkehle gedrückt.

24 Es sollte immer abwechselnd in beide Richtungen geschliffen werden. Eine Drechselbank, bei welcher die Drehrichtung geändert werden kann, erspart ein häufiges Umspannen des Wundes.

25 Dasselbe gilt für den Schliff des Rundstabs.

26 *Beim Schliff arbeitet man immer von einem Ende zum anderen.*

27 Man sollte sich für diesen Arbeitsschritt sehr viel Zeit nehmen und Geduld haben. Nach dem Grobschliff folgt der Feinschliff, bis die gewünschte Oberfläche erreicht ist.

28 An den beiden Enden wird bei Stillstand der Drechselbank geschliffen.

29 Danach wird an diesen ein Rundstab mit Platte und ein Zapfen gedrechselt.

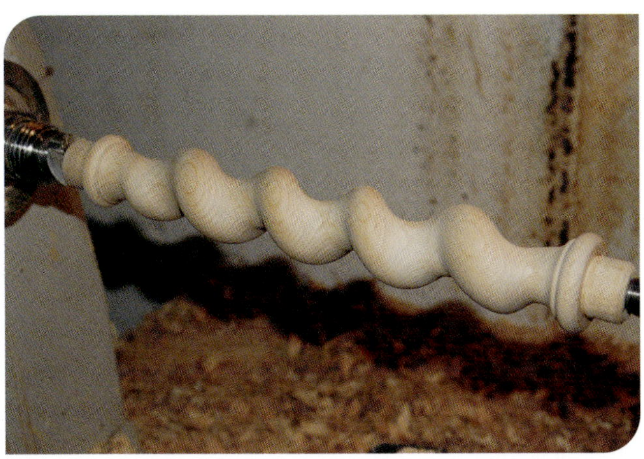

30 Das Mittelstück des Kerzenleuchters ist nun fertiggestellt.

31 Die Querholzteile werden mit einer Bohrung versehen, deren Durchmesser sich mit den Zapfen des Wundes gleichen.

32 Zuerst wird der Oberteil auf einen in der Hohlspindel eingeschlagenen Zapfen gespannt.

33 Ein kleiner Absatz wird gedrechselt.

34 Danach wird ein Karnies geformt.

35 Mit der mittleren Röhre wird die Vertiefung an der Oberseite gedrechselt.

36 Den Rundstab am Rand habe ich mit der kleinen Röhre hergestellt.

37 Der Teller wird nun geschliffen, wobei man diesen etwas vom Zapfen zieht, um bis zur Bohrung schleifen zu können.

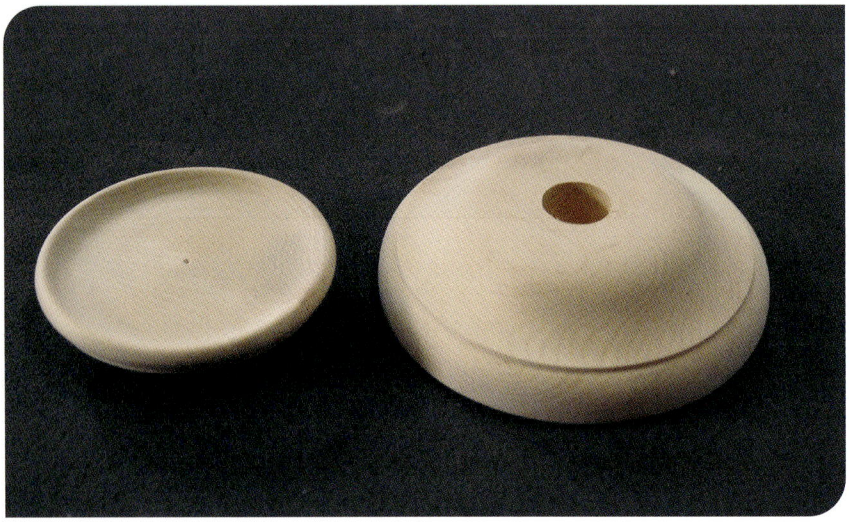

38

Der Unterteil wird auf die gleiche Art gefertigt, wobei die Stirnfläche nur leicht hinterdreht wird, um einen guten Stand des Leuchters zu sichern.

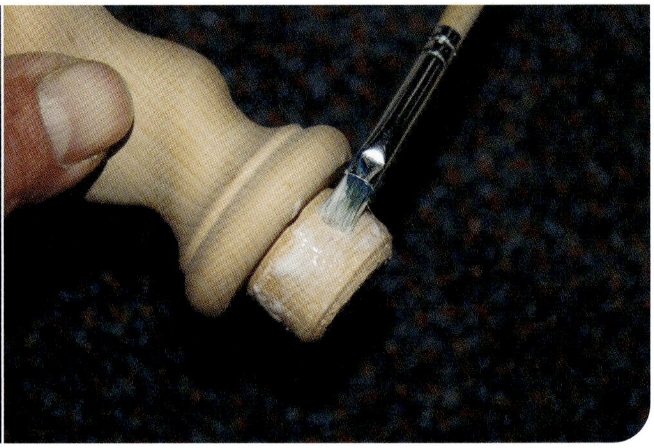

39 Die Teile werden nun miteinander verleimt. Dabei sollte sowohl stets der Zapfen als auch das Zapfenloch beleimt werden.

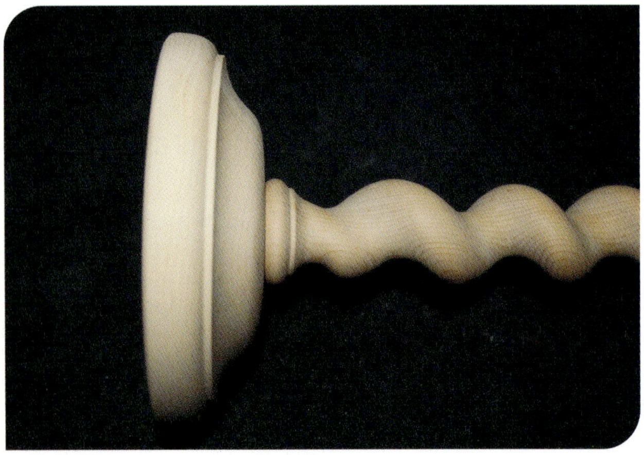

40 Die Verleimung sollte stets passgenau durchgeführt werden.

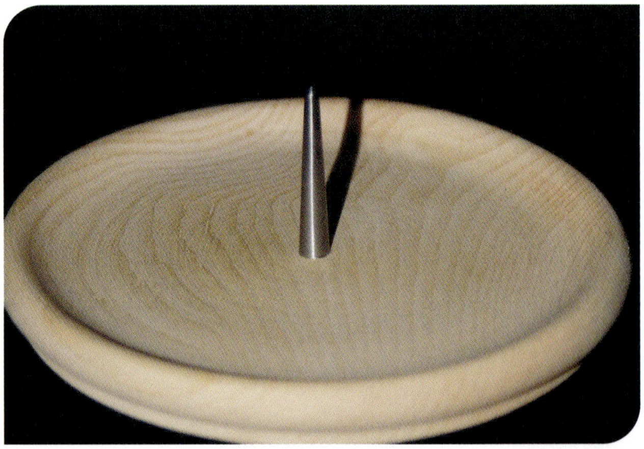

41 An der Oberseite wird noch ein Loch für die Leuchterspitze gebohrt und diese verklebt.

Die Oberfläche dieses Leuchters wurde zweimal mit einem farblosen Lack behandelt.

Achtfach gewundener Kerzenleuchter

Ein achtfacher Wund sieht auf den ersten Blick sehr arbeitsaufwändig aus. Dem ist jedoch nicht so, weil die einzelnen Windungen – im Gegensatz zum einfachen Wund – weitum nicht so tief sind. Wichtig bei der Herstellung ist die richtige und gewissenhafte Teilung des Wundes, wobei die Säulenform individuell gestaltet werden kann.

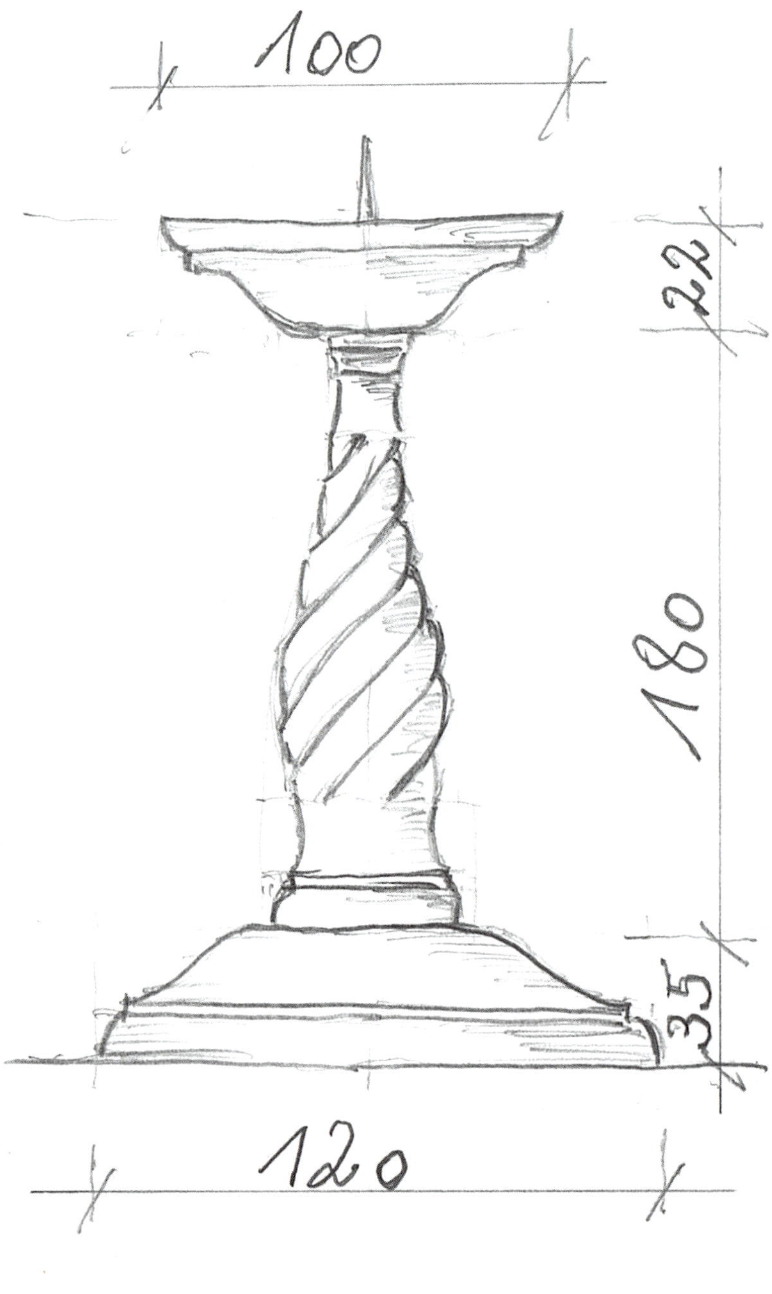

1 Bei konischen oder bauchig geformten Windungen ist die Teilung etwas anders als bei zylindrischen. Zwischen Körner und Mitnehmer wird die gewünschte Form gedrechselt.

2 Am höchsten Punkt wird eine Linie aufgetragen und der Umfang in acht gleiche Teile geteilt.

3 *Der größte Durchmesser wird mit der Schieblehre gemessen und halbiert.*

4 Dieses halbierte Maß wird nach rechts und nach links am Werkstück aufgetragen.

5 Am nächstkleineren Durchmesser wird wieder gemessen und in weiterer Folge das halbe Maß aufgetragen.

6 Dieser Vorgang wiederholt sich über die gesamte Länge.

7 Die Schnittpunkte werden miteinander verbunden, wodurch sich die Steigung ergibt.

8 Mit der Säge wird ca. 5 Millimeter tief eingeschnitten, wobei dieses Maß nur für den größten Durchmesser gilt. Die Tiefe ändert sich mit dem Durchmesser und läuft auf null aus. Bedenken Sie, dass jederzeit nachgeschnitten werden kann.

9

Die Schnitte werden an allen acht Linien durchgeführt

10 Die Kerben werden grob vorgestochen.

11 Wiederum wird ausschließlich in Faserrichtung gearbeitet.

12 Man achte stets darauf, dass die einzelnen Windungen sorgfältig geschnitten werden, um den Schleifaufwand so gering wie möglich zu halten.

13 Damit man den Grund des Wundes sauber schleifen kann, bedarf es einer Schleifleiste. Diese kann sich der Handwerkende leicht selbst herstellen. Die Leiste mit einer Länge von ca. 30 Zentimetern wird an einer Kante zu einem Spitz geformt. Dies kann mit einem Hobel, Schnitzmesser und dergleichen bewerkstelligt werden.

14 Danach wird an den Flanken das Schleifpapier aufgeklebt (Leim, Kontaktkleber usw). Dazu empfehle ich, Leinenschleifpapier zu verwenden, da dieses beim Knicken nicht bricht und das Schleifkorn erhalten bleibt.

15

Danach wird der Grund geschliffen, wobei mit einer Hand die Spindel bewegt wird und die andere Hand schleift. Dabei muss ein fließender Verlauf der Windungen entstehen.

16 Ist der Grund aller acht Windungen geschliffen, beginnt man, den Rundstab zu schleifen.

17 Dabei ist der Kontakt mit den Fingern zur Form besonders wichtig, um eine gleichmäßig verlaufende Rundung zu erreichen.

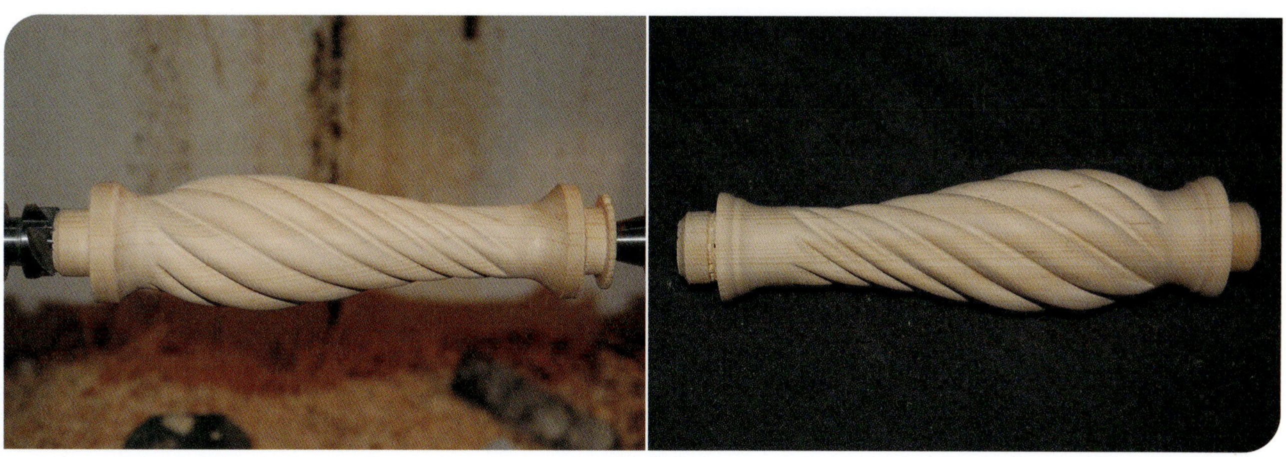

18 Danach werden an beiden Enden der Zapfen und die Form gedrechselt.

19 Nachdem die Querholzteile gedrechselt worden sind, werden diese mit dem gewundenen Mittelstück verleimt.

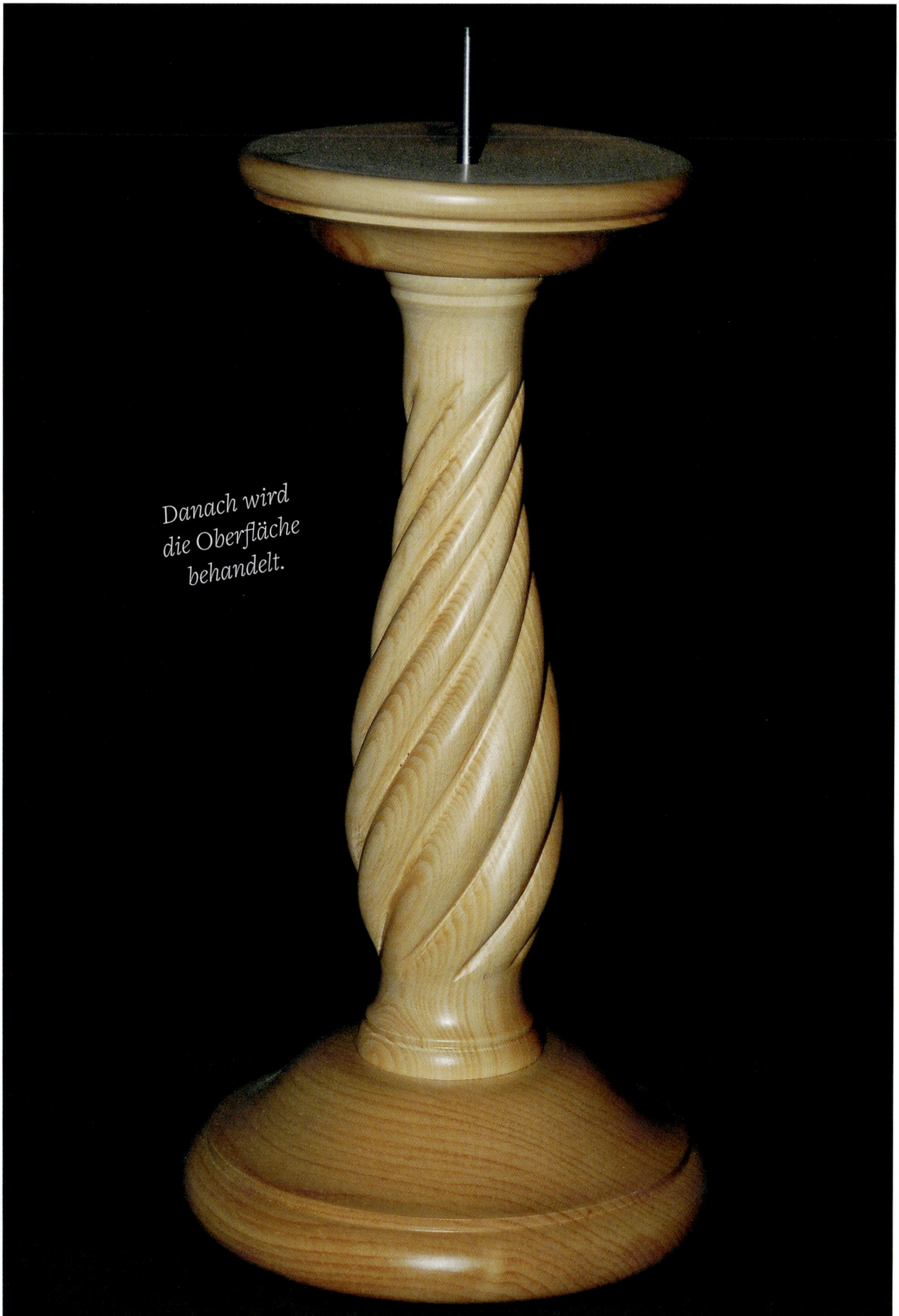

Danach wird die Oberfläche behandelt.

Wund

mit Hohlkehle und Platte

Der Wund mit Hohlkehle und Platte zeigt die vielfältigen Möglichkeiten, eine gewundene Säule zu gestalten. Da dieses Werkstück doch etwas mehr Arbeitsaufwand bedeutet, rate ich den Handwerkenden, besonders sorgfältig und mit viel Geduld diese Arbeit zu beginnen. Der Lohn dafür wird ein einzigartiges Werkstück sein.

1 Es werden ein Längsholzstück und zwei Querholzscheiben in Zirbenholz zugerichtet.

2 Das Mittelstück wird konisch gedrechselt und beidseits mit einer Hohlkehle versehen.

3 Der Umfang wird in vier gleiche Teile geteilt und auf der Längsachse aufgetragen.

4 Dabei achte man, dass die Linie stets am Mittelpunkt der Drehachse verläuft, da das Werkstück konisch ist. Um die Teilung ermitteln zu können, beginnt man wiederum am größten Durchmesser des Werkstückes.

5 Der Durchmesser wird mit der Schiebelehre gemessen und halbiert.

6 Dann wird dieses Maß am Mittelstück aufgetragen.

7 Danach misst man das zweite Maß und trägt den halben Durchmesser auf.

8 Dieser Vorgang wird bis zum Ende des Wundes wiederholt.

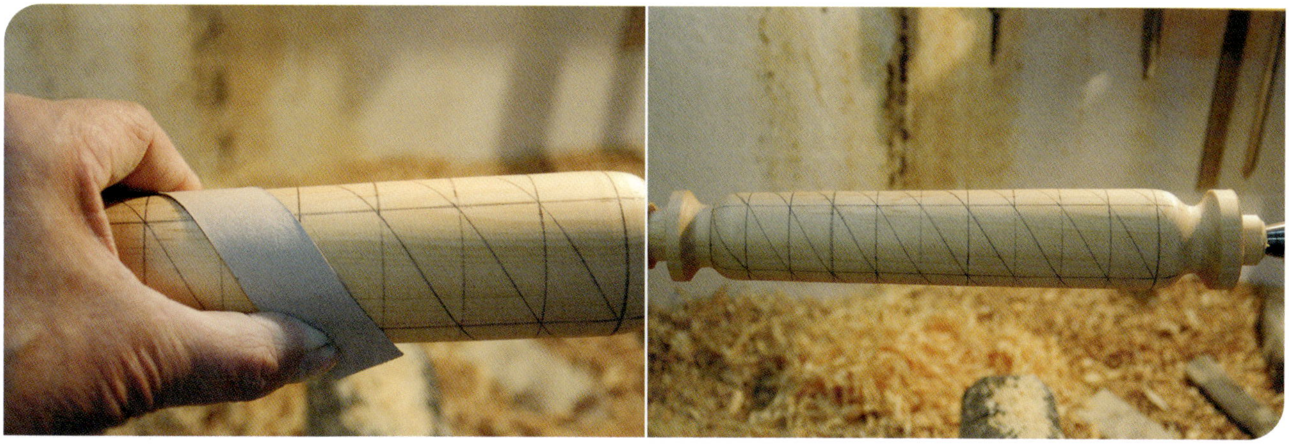

9 Mit einem Stück Karton werden die Schnittpunkte miteinander verbunden, wodurch sich die Steigung ergibt.

10

Mit der Säge wird entlang der Linien eingeschnitten. Achtung: Die Tiefe beträgt maximal 3–5 Millimeter. Danach werden in Faserrichtung Kerben geschnitten.

11 Das Werkstück muss des Öfteren gewendet werden, um dem Faserverlauf folgen zu können. Das überschüssige Holz in der Mitte wird abgetragen.

12 Dabei gilt: Je sorgfältiger gearbeitet wird, desto geringer ist der Aufwand beim Schleifen.

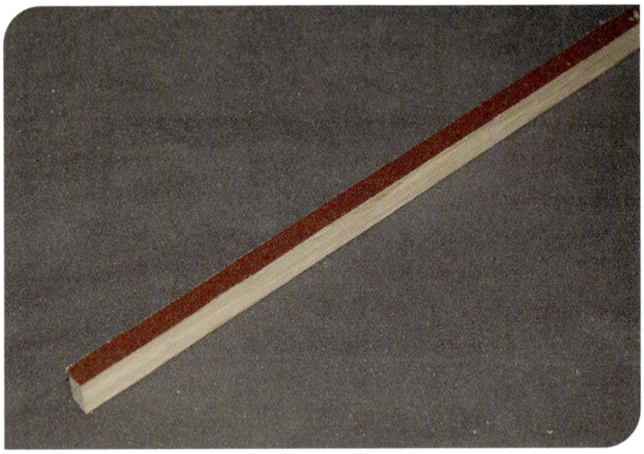

13 Mit einer selbstgefertigten Schleifleiste, welche einseitig mit Leinenschleifpapier beklebt wurde, kann die Schleifarbeit beginnen.

14

Für diesen Arbeitsschritt kann auch eine Feile verwendet werden. Geschliffen wird entlang der Kanten, wobei die Drehbankspindel mit einer Hand bewegt wird, während die andere Hand die Schleifleiste bewegt.

15 Für diesen Arbeitsschritt benötigt man sehr viel Geduld und Ausdauer.

16 Nachdem die Platte zur Gänze geschliffen worden ist, kann mit der Bearbeitung der Hohlkehle begonnen werden.

17 Mit einer Raspel wird in der Mitte der Platte so lange gefeilt, bis eine Halbrundung entsteht.

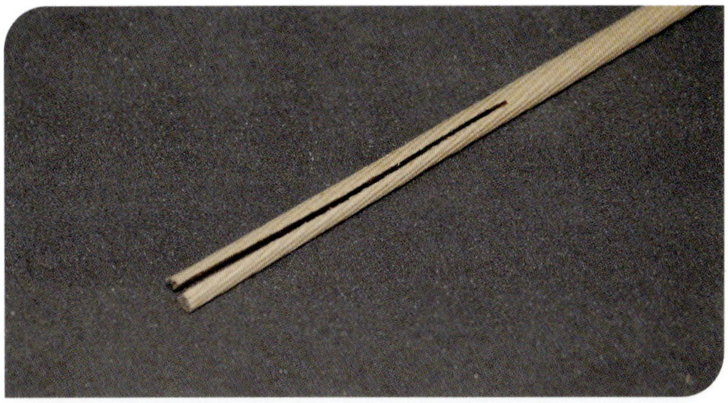

18 Dabei ist wiederum auf einen fließenden Verlauf zu achten. Damit die Hohlkehle fertig geschliffen werden kann, muss sich der Drechsler einen Schleifstab herrichten. Dazu wird ein Rundstab (Dübelstab) der Länge nach ca. 10 Zentimeter aufgeschnitten (Bandsäge, Spansäge).

19 In diesen Schlitz kann man nun das Schleifpapierende schieben und je nach gewünschtem Durchmesser aufrollen.

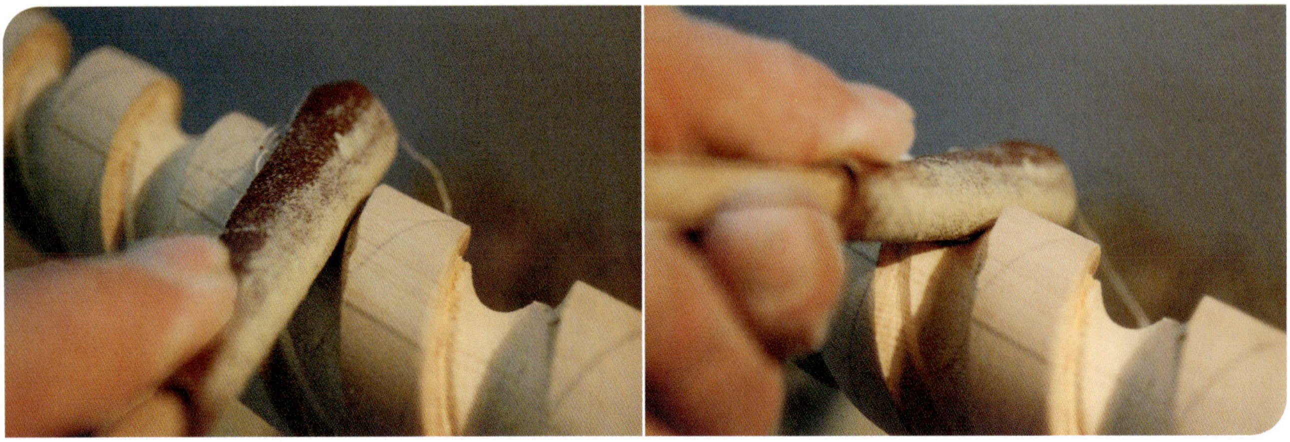

20 Schleifleinen ist dafür besonders gut geeignet. Die Hohlkehle kann nun sauber geschliffen werden, wobei Spindel und Schleifstab stets in Bewegung sind.

21 Man achte darauf, dass die beiden Platten gleichmäßig verlaufen sollen.

22 Danach kann der Rundstab geschnitten werden.

23 Zuerst wird eine Hälfte fertiggestellt.

24 Danach wird der Wund umgespannt, um wiederum in Faserrichtung arbeiten zu können.

25 Nachdem der Rundstab grob geformt worden ist, muss nun sauber nachgearbeitet werden.

26 Besonders wichtig ist dabei der Übergang von Rundstab zur Platte hin.

27 Ebenso wird der Rundstab nachgeschnitten, um den Schleifaufwand so gering als möglich zu halten.

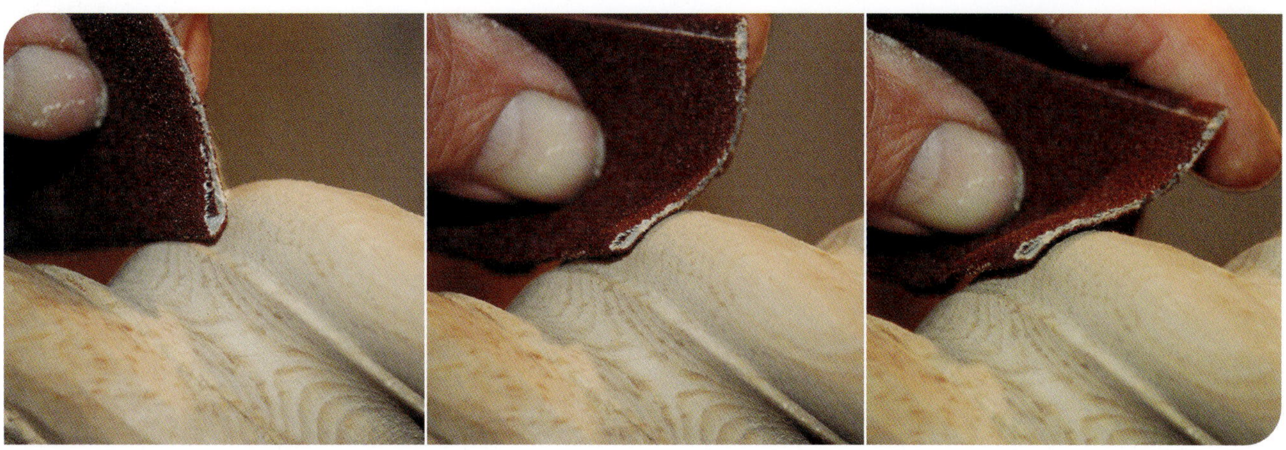

28 Danach werden die Platte und der Rundstab von Hand sauber geschliffen.

29 Ein Wund sollte stets eine saubere Oberfläche haben.

30 Ist der Wund fertiggestellt, werden noch die Enden bearbeitet.

31 Eventuelle Säge- oder Schnitzspuren können auf Grund des Übermaßes weggedrechselt werden. Der Zapfen wird auf das richtige Maß gebracht, um später den Ober- und Unterteil befestigen zu können.

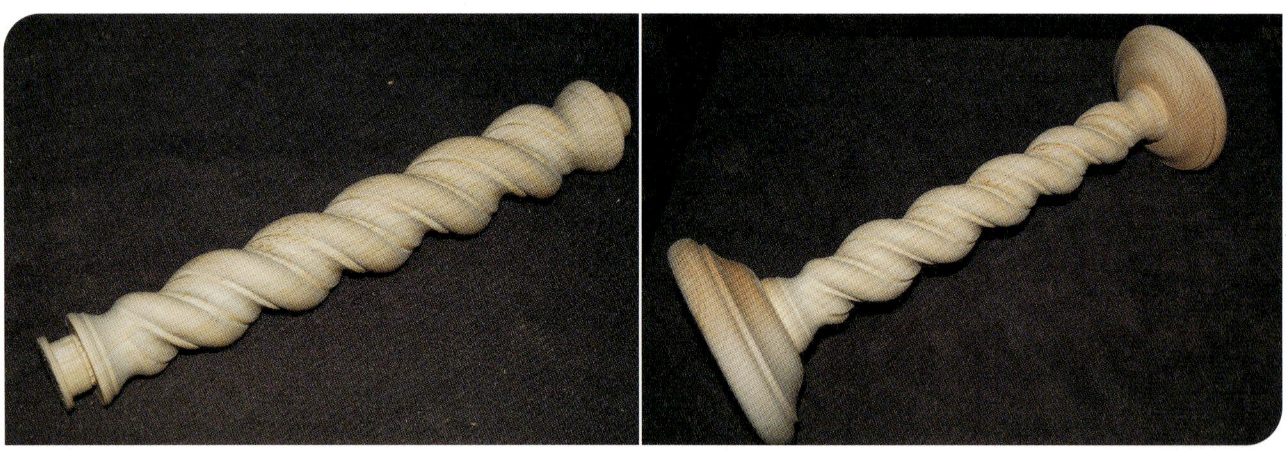

32 Das fertige Mittelstück kann nun mit den Querholzteilen verleimt werden.

Der Leuchter wurde
mit einem farblosen
Lack oberflächenbe-
handelt.

Dreifach durchbrochener
Wund

Dieser Wund ist der arbeitsaufwändigste und schwierigste aller Wundarten. Werden andere Windungen auch für Gebrauchsgegenstände, wie Sessel, Tischfüße oder Stiegengeländer usw., hergestellt, findet der „Dreifachdurchbrochene" fast ausschließlich für Ziergegenstände seine Verwendung. Man sollte stets wissen, dass jeder Wund in mehreren Arbeitsschritten gefertigt wird und nicht an einem Tag entstehen muss.

1 Das Holz für diesen Kerzenleuchter wurde aus Wildkirsche zugerichtet.

2 Die Form wird gedrechselt, wobei die Enden und Zapfen mit Übermaß gefertigt werden.

3 Als Erstes wird der größte Durchmesser definiert und eine Linie in der Längsachse gerissen.

4 Mit Hilfe eines Papierstreifens wird der Umfang ermittelt.

5 Dieser wird in sechs gleiche Teile geteilt, indem man den Streifen faltet.

6 Die Teile werden mittels Bleistift auf das Werkstück übertragen.

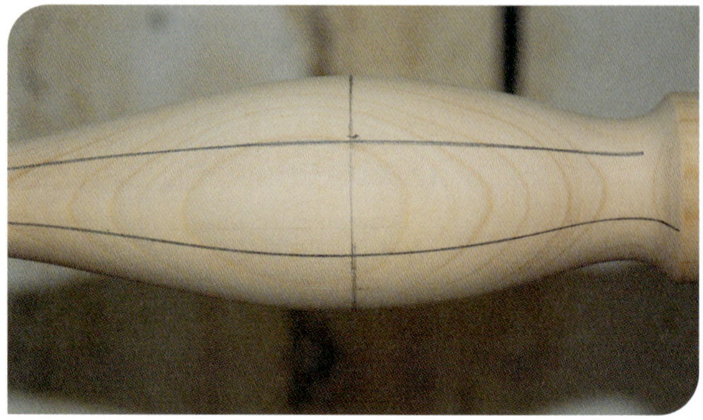

7 Unter Verwendung der Handauflage werden die Längsachsen bestimmt. Man achte dabei sorgfältig darauf, dass die Risse entlang des Mittelpunktes der Drehachse verlaufen. Somit ist gewährleistet, dass die Teilung an den schwächeren Durchmessern ebenfalls gleich ist.

8 *Danach wird der Durchmesser mittels Schiebelehre gemessen.*

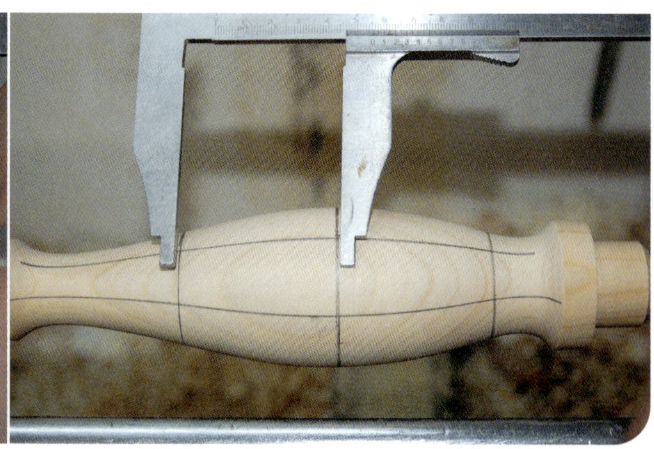

9 Dieses Maß wird nach rechts und nach links aufgetragen.

10 Danach wird der nächstkleinere Durchmesser ermittelt und wiederum übertragen.

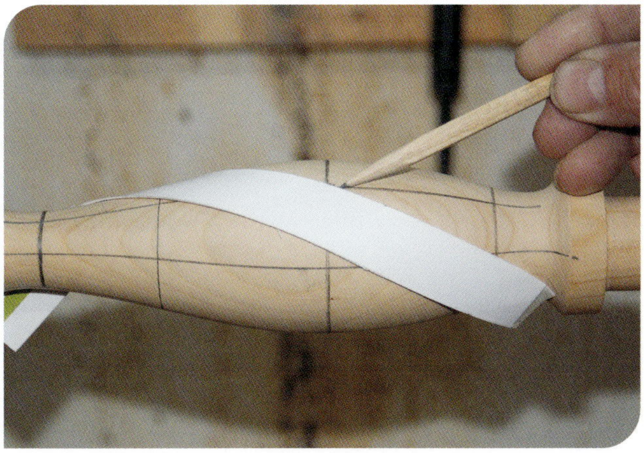

11 Mit einem Streifen aus Karton werden die Schnittpunkte miteinander verbunden.

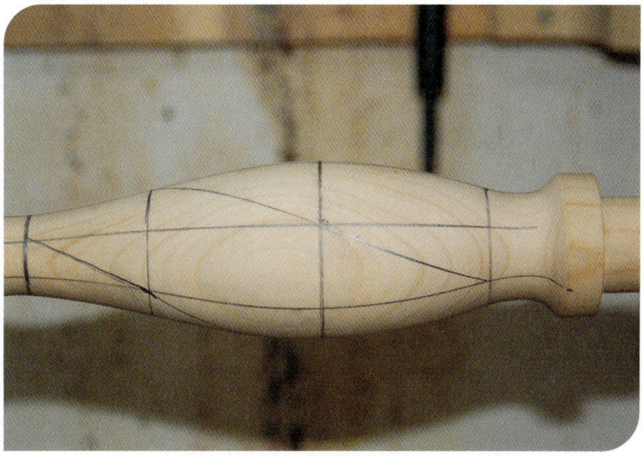

12 Dies geschieht jedoch nur bei jeder zweiten Teilung. Das heißt, es entstehen drei Windungen.

13 In weiterer Folge habe ich mir eine einfache Vorrichtung gebaut, um das Mittelstück spannen zu können.

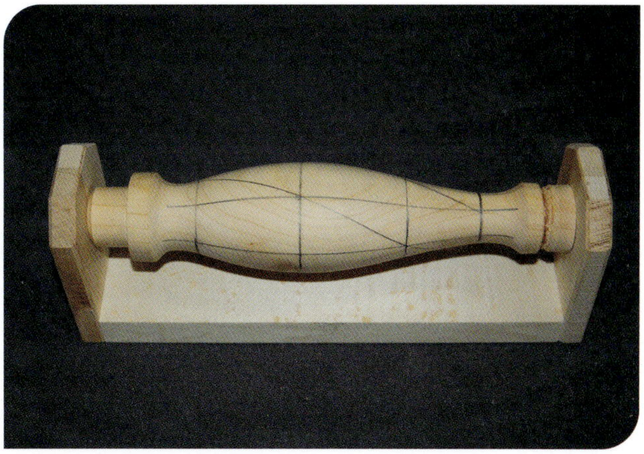

14 Mit zwei Schrauben wird das Werkstück in die Vorrichtung gespannt.

15 Mittels Zwinge wird an der Ständerbohrmaschine ein Anschlag montiert. Dieser ist so befestigt, dass die Zentrierspitze des Bohrers genau zur Mittelachse des Werkstückes zeigt.

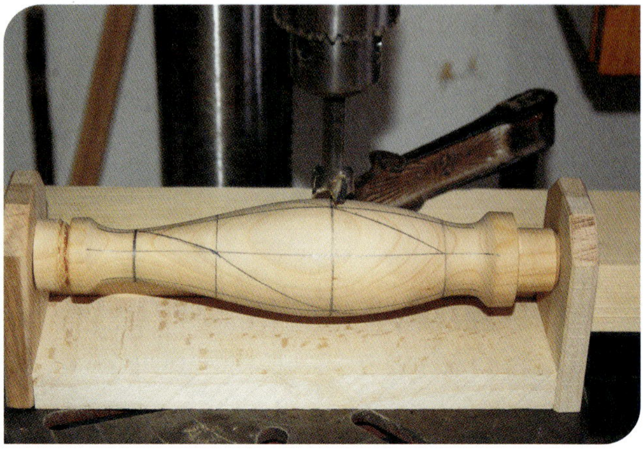

16 Am höchsten Punkt beginnt man dann zu bohren. Der Durchmesser des Bohrers richtet sich nach dem Durchmesser des Wundes. Für dieses Werkstück habe ich einen Bohrer der Größe 20 Millimeter gewählt.

17 Die Bohrtiefe ist auf der Mittelachse einzustellen.

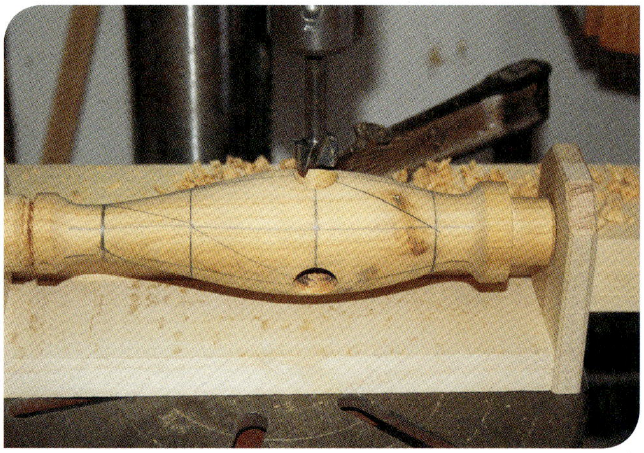

18 Das Mittelstück wird jeweils zur nächsten Bohrung weitergedreht.

19 Mit abnehmendem Durchmesser muss auch der Bohrer kleiner werden, wobei das Maß nicht wirklich definiert werden kann. Hier gilt die Regel: lieber etwas kleiner als zu groß.

20 Die Löcher werden der Reihe nach gebohrt.

21 *Zum Ende hin wird noch einmal der Bohrer gewechselt.*

22 Nachdem alle Bohrungen gemacht worden sind, kann das Werkstück wiederum auf der Drechselbank eingespannt werden.

23 Bei der weiteren Bearbeitung ist es wichtig, den Faserverlauf zu erkennen, um stets mit der Faser arbeiten zu können.

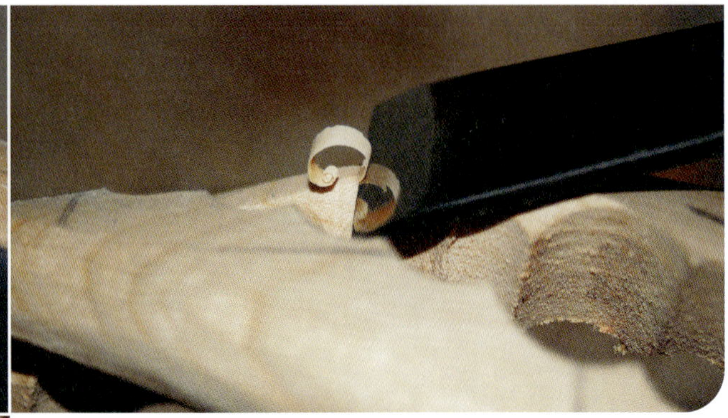

24 Die einzelnen Windungen werden mit dem Schnitzeisen zuerst außen rund geschnitten.

25 Erst dann wird der Wund innen bearbeitet.

26 Mit einem kleinen Hohlmesser werden die Enden der einzelnen Windungen bearbeitet.

27

Die Schleifarbeit ist der wesentliche Teil der Herstellung eines durchbrochenen Wundes. Dazu kann ausschließlich nur Leinenschleifpapier verwendet werden. Ein Streifen mit einer Länge von ca. 15 cm und einer Breite von 1,5 cm wird um die Windung gelegt.

28 Nun wird das Schleifpapier mit den Händen abwechselnd durchgezogen.

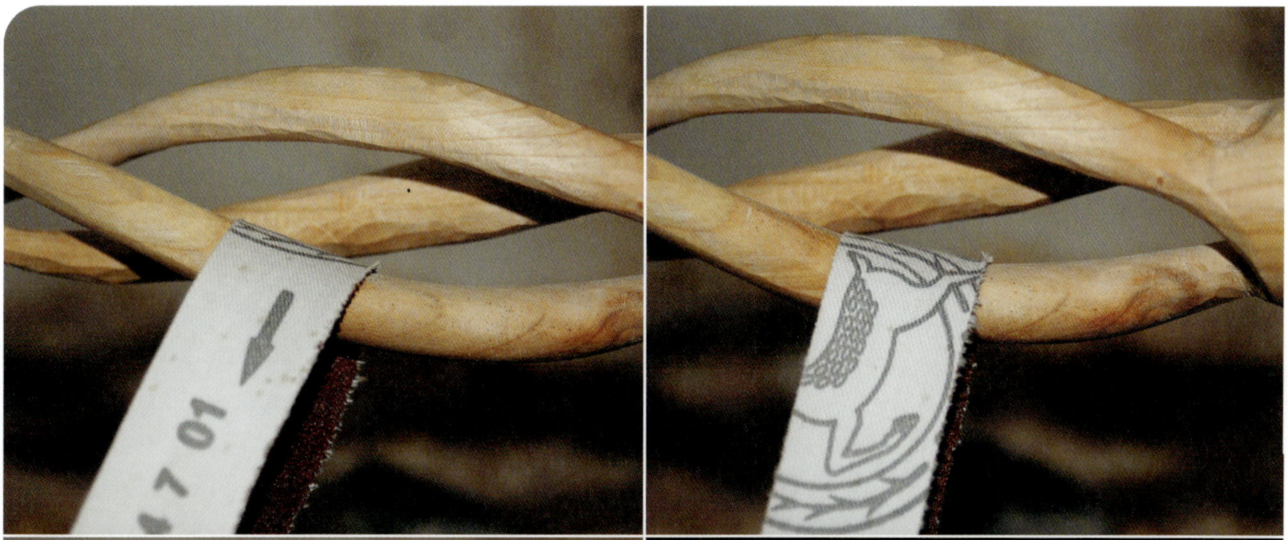

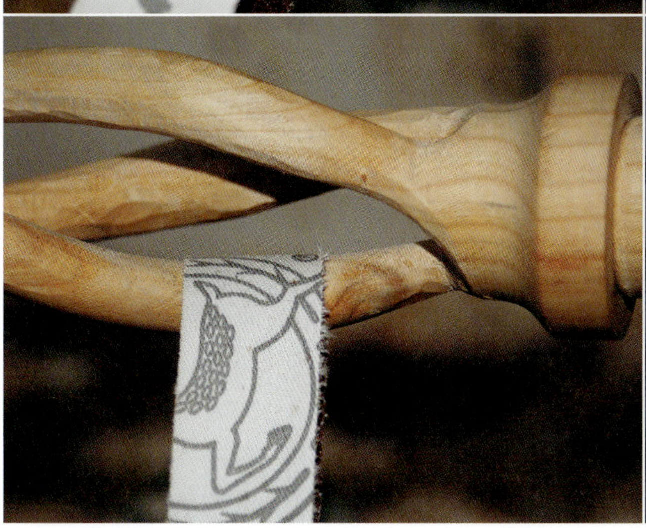

29 Damit ein fließender Verlauf entstehen kann, darf man nie auf der gleichen Stelle verweilen. So wird bis zum gewünschten Ergebnis geschliffen.

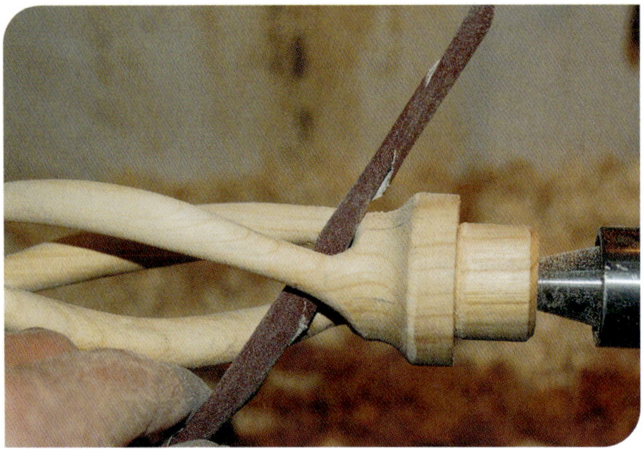

30 Besonderes Augenmerk sind den Übergängen gewidmet, dazu wird das Schleifleinen eingedreht.

31 Nachdem der Wund mit viel Geduld geschliffen worden ist, können die restlichen Drechselarbeiten durchgeführt werden.

32 *Ein Rundstab wird gefertigt und die Zapfen werden auf das genaue Maß gedrechselt.*

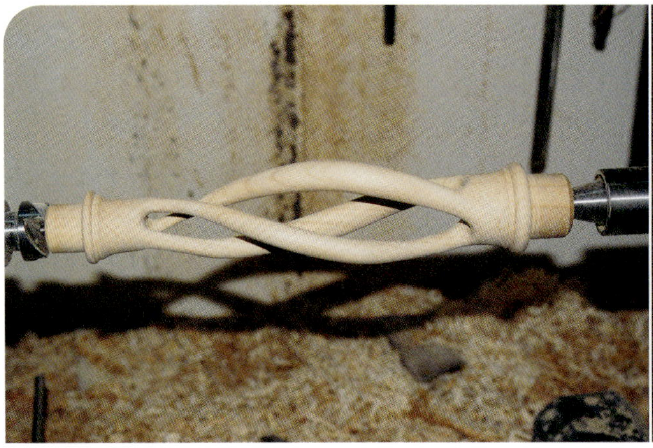

33 Das Mittelstück ist nun fertig und kann ausgespannt werden.

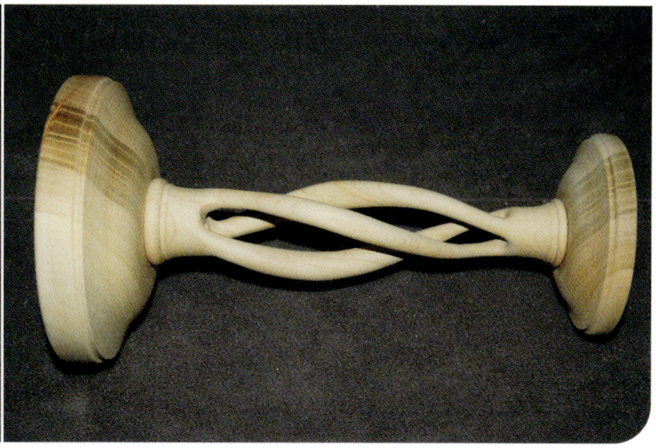

34 Nachdem Ober- und Unterteil gefertigt worden sind, werden diese mit dem Wund verleimt.

35 Als Tropftasse habe ich für diesen Kerzenleuchter eine Kupfertasse gefertigt. Ein Kupferblech mit einer Stärke von ca. 1 Millimeter wird etwas größer als der Oberteil kreisrund ausgeschnitten. Dazu verwende ich eine Blechschere. Diese Scheibe wird mit einer Zwinge am Tisch der Ständerbohrmaschine festgeschraubt. Achtung: Niemals ohne Festzwingen arbeiten, sonst droht sehr hohe Verletzungsgefahr. Ein 4 Millimeter großes Loch wird gebohrt.

36 Um die Wölbung formen zu können, bedarf es einer Negativform des Oberteils. Diese sollte aus Hartholz gefertigt sein.

37 Das Blech wird mit einer Schraube am Mittelpunkt der Form befestigt. Um Verletzungen zu vermeiden, müssen für die nächsten Arbeitsschritte schnittfeste Handschuhe getragen werden. Mit einer Drehzahl von ca. 300 Umdrehungen pro Minute muss nun das Kupferblech getrieben werden, dazu verwende ich einen Gabelschlüssel.

38 Im Zentrum beginnend, drückt man das Werkzeug fest gegen das Blech und führt den Schraubenschlüssel zum Rand hin.

39 Dieser Vorgang wird wiederholt, bis sich das Blech langsam um die Rundung biegt.

40 An der Rundung darf anfangs nicht zu stark angedrückt werde, da sonst Wellen am Blech entstehen und dieses nicht mehr formbar ist. Man muss das Blech langsam nach außen treiben und ihm Zeit lassen, sich biegen zu können.

41 Zur Bearbeitung des Randes wird ein Hartmetallwerkzeug verwendet. Zusätzlich habe ich mit der Pinole eine Holzscheibe an das Blech gespannt.

42 Die Schale wird zum Schluss noch mit einer Stahlwolle poliert.

43 Die Herstellung dieser Kupfertasse kann wesentlich erleichtert werden, wenn das Metall „ausgeglüht“ wird. Dazu erhitzt man das Blech stark und kühlt dieses rasch mit Wasser ab. Dadurch wird dem Kupfer die Spannung genommen und es kann leichter getrieben werden.

44 Danach wird die Schale mit dem Oberteil verklebt und die Leuchterspitze eingesteckt.

Der Kerzenleuchter ist
nun fertig und seine
Oberfläche kann behan-
delt werden.

Gewürz-behälter

In diesem Kapitel möchte ich mich mit der Herstellung eines Küchenutensils beschäftigen. Im Nahrungsmittelbereich hat sich die Holzart Ahorn besonders bewährt. Zum einen ist dieses Holz einigermaßen farbneutral und wasserbeständig. Zum anderen sind Holzinhaltsstoffe, wie z. B. Gerbsäure, nicht vorhanden. Die feinporige Struktur des Holzes trägt zusätzlich zu einer hygienischen Reinigungsmöglichkeit bei.

1

Das Holz wird mit der Bandsäge zugerichtet, dabei ist stets auf das nötige Übermaß zu achten.

2 Danach werden die Konusse für das Einschlagfutter beziehungsweise für die Hohlspindel gedrechselt, um die Teile fliegend einspannen zu können. Selbstverständlich können auch andere Spannsysteme und Spannfutter verwendet werden.

3 Nachdem das Einschlagfutter an der Drehbankspindel montiert worden ist, wird das Kantel eingeschlagen.

4 Mit dem großen Meißel wird das Werkstück auf den gewünschten Durchmesser gedrechselt.

5 *Mit dem Spitzzirkel werden die Maße aufgetragen.*

6 Mit der Meißelspitze des kleinen Meißels wird gerade eingestochen und die Tiefe definiert.

7 Danach wird der Eierstab geformt und der Spitzstab angestochen.

8 Nachdem das Bohrfutter an der Pinole des Reitstockes montiert wurde, kann der Bohrer mit einem Durchmesser von 40 Millimetern eingesetzt werden. Am Schaft des Bohrers wird die Tiefe mit einem Klebeband definiert.

9 Danach kann mit der Bohrung begonnen werden, wobei auf die richtige Drehzahl besonders zu achten ist. Drechselbänke, welche stufenlos zu regeln sind, haben hier eindeutig den Vorteil.

10 Nun wird bis zur festgelegten Tiefe gebohrt.

11 Nachdem das Werkstück geschliffen worden ist, wird dies an der Drechselbank abgestochen. Da diese Becher später mit einem Mittelstück verbunden werden, ist besonders darauf zu achten, dass jedes der Werkstücke maßhaltig ist.

12

Damit auch das Mittelstück fliegend bearbeitet werden kann, wird dieses in die Hohlspindel der Drechselbank eingeschlagen.

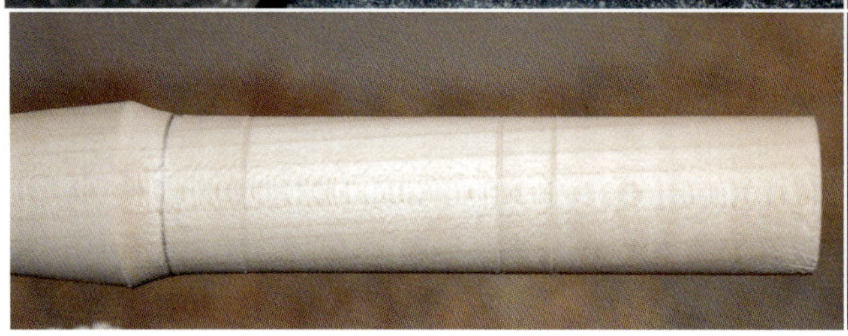

13 Das Werkstück wird auf den Durchmesser gedrechselt, um dann mit dem Spitzzirkel die Maße aufzutragen.

14 Mit der kleinen Röhre wird das Mittelstück geformt.

15 Nun muss das Konterprofil des Bechers am Mittelstück geformt werden.

16 Der Rundstab am oberen Rand des Bechers muss deshalb in eine Hohlkehle passen.

17 Das Ende des Mittelstücks wird schräg gestochen, somit entsteht das Gegenstück zum Spitzstab.

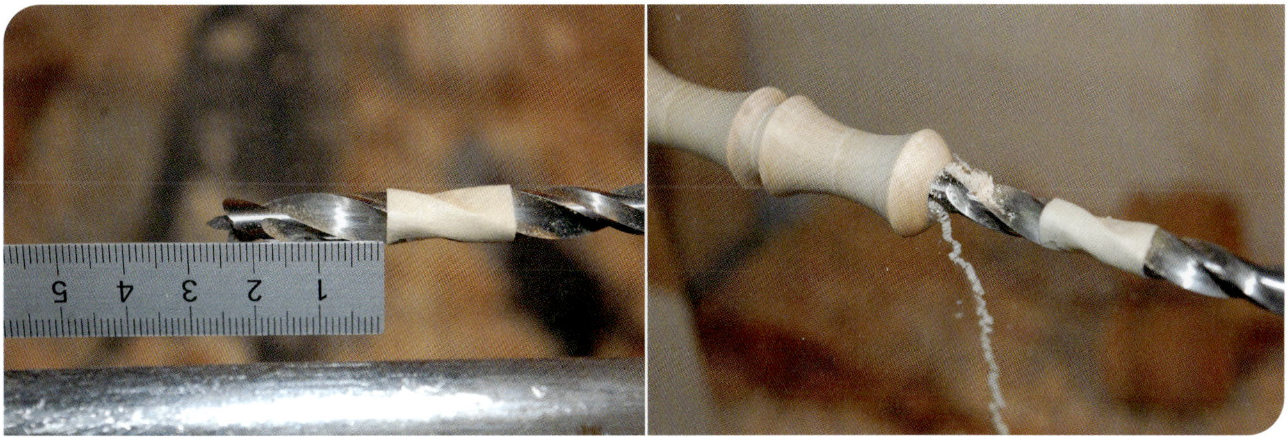

18 Eine Bohrung zur Längsachse dient später als Platz für Zahnstocher.

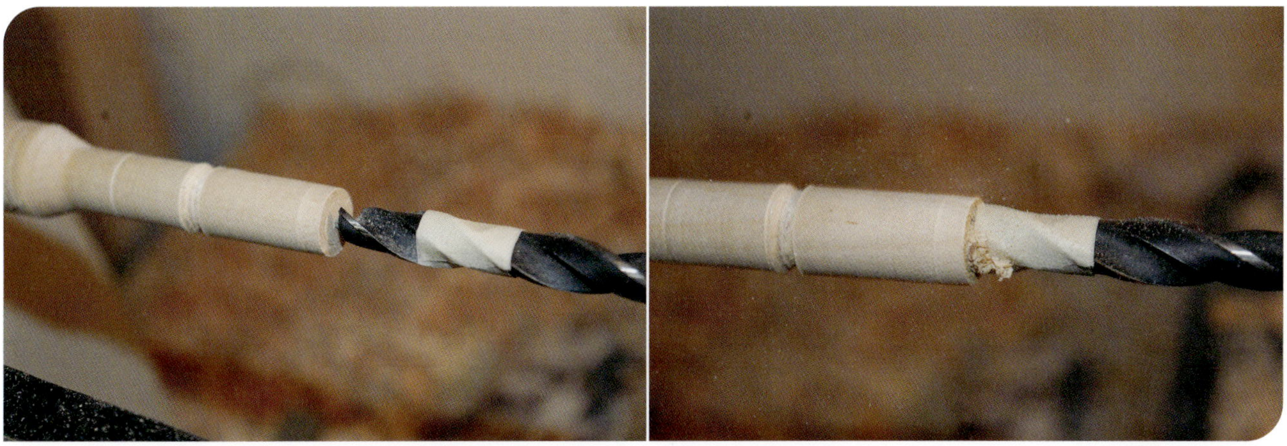

19 Zur Herstellung der kleinen Schaufeln wird zuerst ein ähnlicher Zylinder hergestellt und mit einer Bohrung versehen.

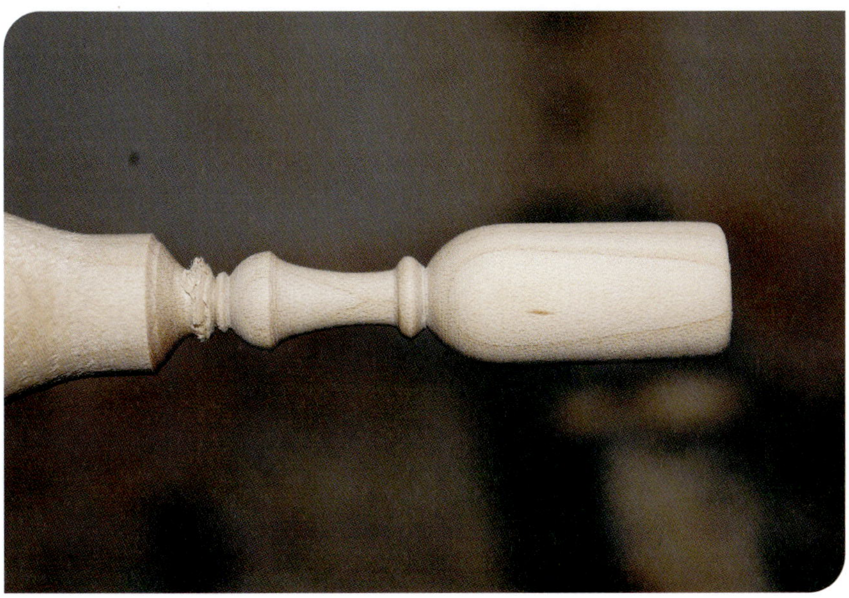

20 *Danach wird die Form definiert und das Werkstück abgetrennt.*

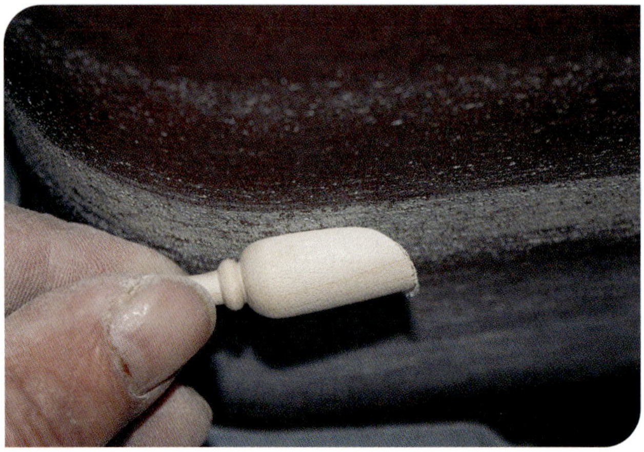

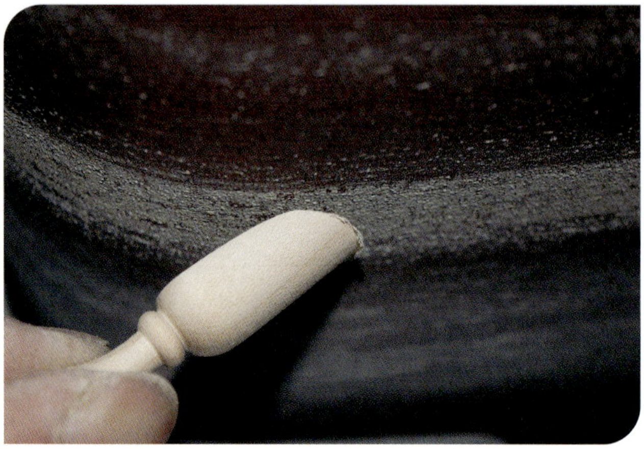

21 Da das Werkstück nun viel mehr einem Kelch als einer Schaufel ähnelt, muss noch eine Fläche angeschliffen werden. Dieser Arbeitsschritt kann entweder auf einer Schleifplatte oder, wie hier gezeigt, an einer Kantenschleifmaschine bewerkstelligt werden.

22 Nun kann das Werkstück zur Entnahme von Gewürzen verwendet werden.

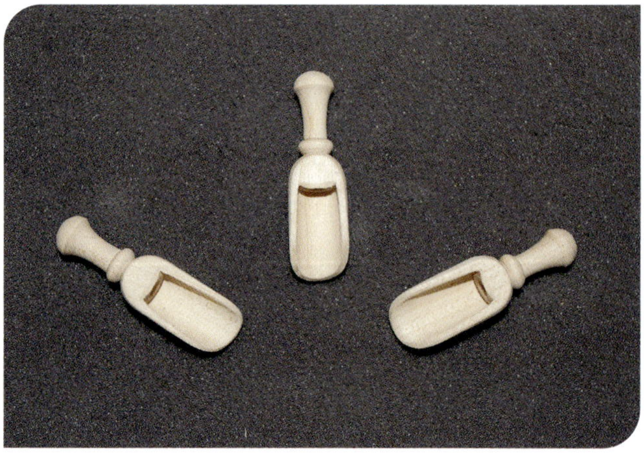

23 Man sollte sich stets bemühen, so sorgfältig und maßhaltig zu arbeiten, um drei gleiche Werkstücke zu Stande zu bringen.

24 Nachdem die drei Becher mit dem Mittelstück verleimt worden sind, können sie befüllt werden. Eine Oberflächenbehandlung wird in diesem Fall nicht empfohlen.

Schale

mit Deckel

In diesem Kapitel möchte ich die Herstellung einer Schale mit Deckel aus stockiger Buche beschreiben, wobei der Verlauf der Maserung von Schale und Deckel durchlaufend sein soll. Daher muss beim Zurichten des Holzes einiges beachtet werden.

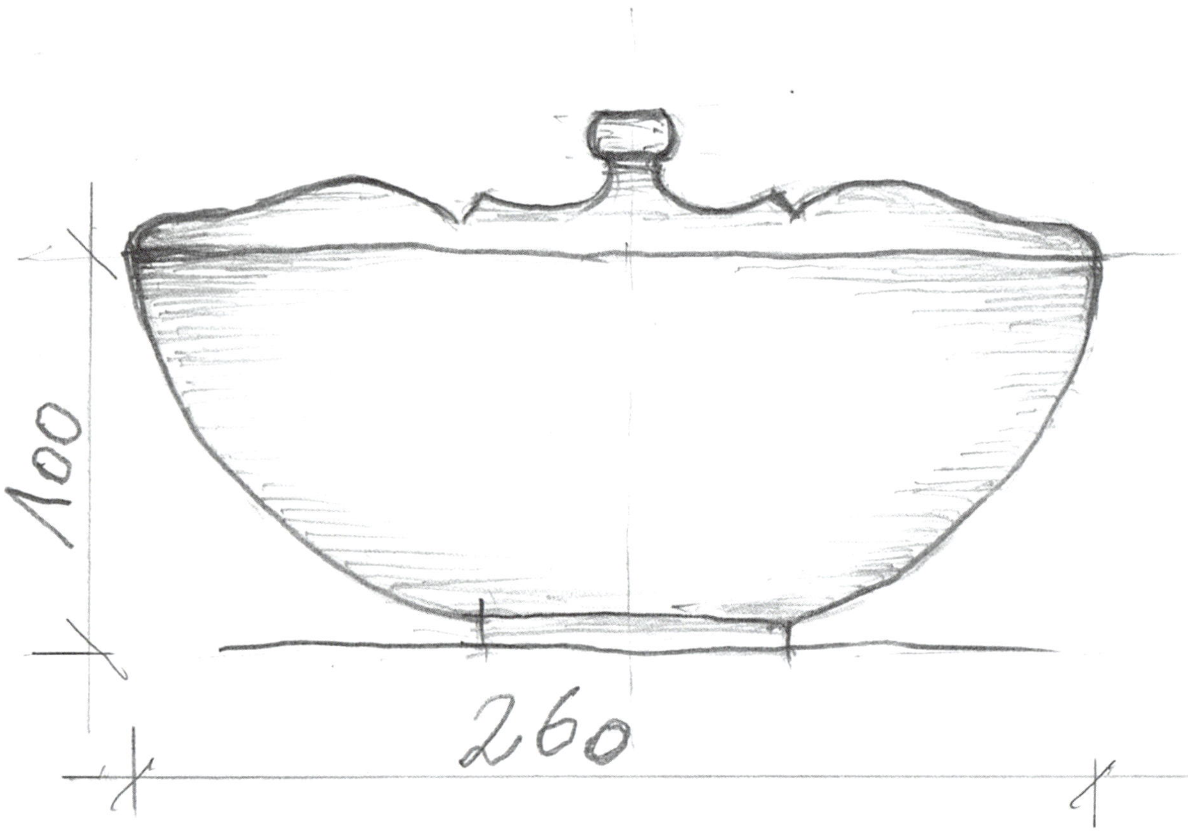

1 Eine Halbkluft, welche ich zuvor einige Monate auf einem schattigen Waldboden gelagert und danach getrocknet habe, habe ich mit der Bandsäge in mehrere Teile gespaltet, wobei das äußerste Stück (die Schwarte) nicht verwendet wird.

2 Nachdem die Schale und der Deckel gehobelt worden sind, werden diese kreisrund ausgeschnitten.

3 Damit eine fortlaufende Maserung des Werkstücks möglich ist, müssen die Teile richtig aufgespannt werden. Damit nichts verwechselt wird, habe ich die Teile mit einem Dreieck zusammen gezeichnet. Nun ist genau definiert welcher Teil Schale und welcher Teil Deckel wird. Ebenso weiß ich genau, welche Seite innen beziehungsweise außen ist.

4 Die Teile werden auf einer Planscheibe befestigt.

5 Die Schale wird rund gedrechselt und auf das gewünschte Maß gebracht.

6 Die Größe des Sockels wird bestimmt und gedrechselt.

7 Der Innenfalz, welcher schwalbenschwanzförmig ausgeführt ist, dient zum Spannen des Werkstücks.

8 Die Außenform wird mittels Röhre gedrechselt. Da dieses Holz sehr behutsam bearbeitet werden muss, ist auf eine gute Schneide sowie auf den richtigen Anstellwinkel zu achten.

9 Die Schüssel wird mit einem Leinenschleifpapier geschliffen und ausgespannt.

10 Auf einem Backenfutter wird das Werkstück gespannt.

11 Die Handauflage ist etwas unter der Mitte einzustellen.

12 Mit der Schüsselröhre wird die Schale, von der Mitte aus beginnend, ausgedreht.

13 Mit einer kleinen Röhre wird der Schalenrand definiert, bevor man die Schüssel fertig drechselt.

14 Der Falz für den Deckel wird gedrechselt und sorgt für den Verschluss.

15 Nach dem Schleifen ist das Werkstück fertig.

16 Der Deckel wird im Gegensatz zur Schale an der Außenseite gespannt.

17 Nachdem der Deckel rund gedrechselt worden ist, wird die Fläche abgerichtet. Dafür verwende ich die kleine Röhre.

18 Die Vertiefung zum Umspannen des Werkstücks wird hergestellt.

19 Mit dem kleinen Meißel wird der Falz schräg gestochen.

20 *Das Falzmaß wird mit dem Spitzzirkel angerissen.*

21 Mit der Röhre wird der Falz auf das richtige Maß gedrechselt.

22 Der Falz verschließt die Schale mit dem Deckel.

23 Nachdem der Deckel umgespannt worden ist, kann die Außenform gestaltet werden.

24 *Nachdem der Deckel unseres Werkstückes sauber geschliffen worden ist, kann dieser vom Spannfutter abgenommen werden.*

Die Schale mit Deckel vor und nach der Oberflächen-behandlung.

Dose

in Apfelform

Eine Längsholzdose in Obstform ist ein sehr willkommenes Mitbringsel bei diversen Einladungen. Dieser Ziergegenstand kann sehr vielseitig verwendet werden und ist relativ einfach zu fertigen. Die Struktur des Holzes soll zwischen Ober- und Unterteil der Dose fortlaufend sein. Dabei muss man einige Arbeitsschritte genau beachten.

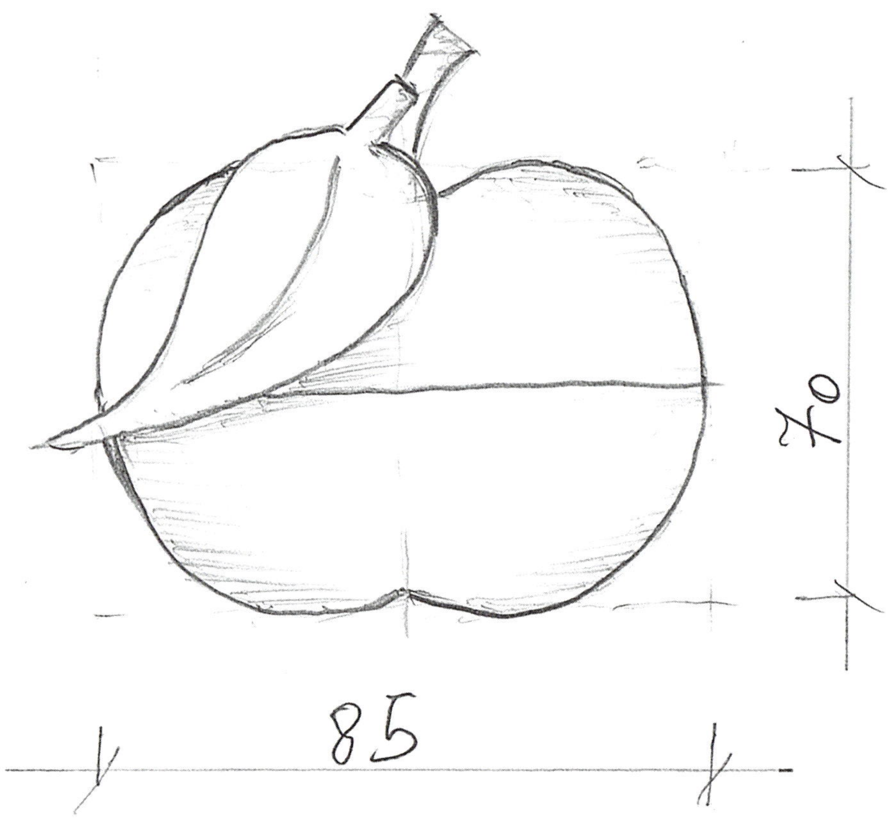

1 Dieses Werkstück wird in Längsholz gedrechselt und ich habe dafür die Holzart einer Wildkirsche gewählt. Nachdem das Holz zugerichtet wurde, wird es zwischen Körner und Mitnehmer eingespannt.

2 Mit dem Meißel wird beiderseits ein Schwalbenschwanz gedrechselt, um die Werkstücke später im Spannfutter befestigen zu können.

3 Mit der Spansäge wird der Zylinder in zwei Hälften geteilt.

4 Nun können die einzelnen Teile mittels Spannbackenfutter gespannt werden.

5 Mit der Technik des Überwurfdrechselns wird von der Mitte beginnend gedrechselt. Dafür verwendet man die mittlere Röhre und arbeitet nach außen hin.

6 Mit dem kleinen Meißel wird ein Falz gestochen, welcher dann als Verschluss dienen soll. Dabei achte man besonders darauf, dass dieser gerade und parallel zur Drehachse verläuft.

7 Nachdem die Länge des Dosendeckels definiert wurde, wird mit dem kleinen Meißel gerade abgestochen.

8 Mit der kleinen oder wahlweise mit der mittleren Röhre wird nun die Außenform des Apfels gefertigt.

9 Danach wird mittels Säge das Werkstück vom Spund getrennt.

10 Nun wird der andere Teil des Werkstücks eingespannt.

11 Nachdem das Holz rund gedrechselt wurde und innen fertig ist, wird der Falz gestochen.

12 Dieser Falz sollte passgenau zum Spannen des Deckels ausgeführt werden.

13 Nachdem der Deckel am Falz aufgespannt wurde, kann dieser fertig geformt werden.

14 Die Oberfläche wird nun mittels Leinenschleifpapier behandelt.

15 Nachdem der Oberteil abgenommen wurde, kann der Rest geformt werden. Der Falz wird nachgeschliffen, um einen gängigen Verschluss zu ermöglichen.

16 *Danach wird das Werkstück vom Spund getrennt und am Spund ein Innenfalz gedrechselt …*

17 … an welchem das Holz wiederum aufgespannt werden kann.

18 Das Werkstück ist nun gedrechselt und sauber geschliffen.

19 Um später die Apfelblüte befestigen zu können, wird in der Mitte noch ein Loch gebohrt.

20 Nun sind beide Teile fertig.

21 Hat man alle Arbeitsschritte richtig gemacht, so sollte nun die Maserung des Holzes durchlaufen.

22 Um den Stängel des Apfels zu gestalten, wird ein Stück Längsholz zwischen Mitnehmer und Körner eingespannt und rund gedrechselt.

23 An einem Ende wird der Durchmesser des Stiels definiert.

24 Nun wird das Werkstück aus der Mitte gespannt (exzentrisch), um die Krümmung des Stängels zu gestalten.

25 Mit der kleinen Röhre wird das Werkstück geformt, wobei besonders auf den unruhigen Lauf des Holzes zu achten ist.

26 In kleinen Schritten wird der endgültige Durchmesser gedrechselt.

27 Nachdem der Stiel geschliffen worden ist, ist er fertig.

28 Der Stängel wird nun mit der Apfelhälfte verleimt.

29 Man muss kein Künstler sein, um ein Laubblatt zu fertigen. Der gestalterischen Freiheit sollte freien Lauf gelassen werden. Auf ein Stück Holz wird die Form des Blattes aufgezeichnet.

30 Danach wird dieses ausgesägt, wobei das Restholz zum Spannen des Werkstückes dient. Dazu eignen sich Stichsäge, Laubsäge oder Bandsäge.

31 Mit einem Stemmeisen oder Schnitzmesser wird eine Kerbe geschnitten.

32 Danach wird die Oberseite des Blattes gestaltet.

33 Nachdem die Unterseite bearbeitet worden ist, wird das Blatt mittels Leinenschleifpapier geschliffen.

34 Nachdem das Blatt an den Stiel angepasst worden ist, wird beides miteinander verleimt.

35 Zur Fertigung der Apfelblüte habe ich ein Stück Kirschholz in Wasser getränkt.

36 Das Werkstück wird gespundet und in die Hohlspindel der Drechselbank geschlagen, um dieses fliegend drechseln zu können.

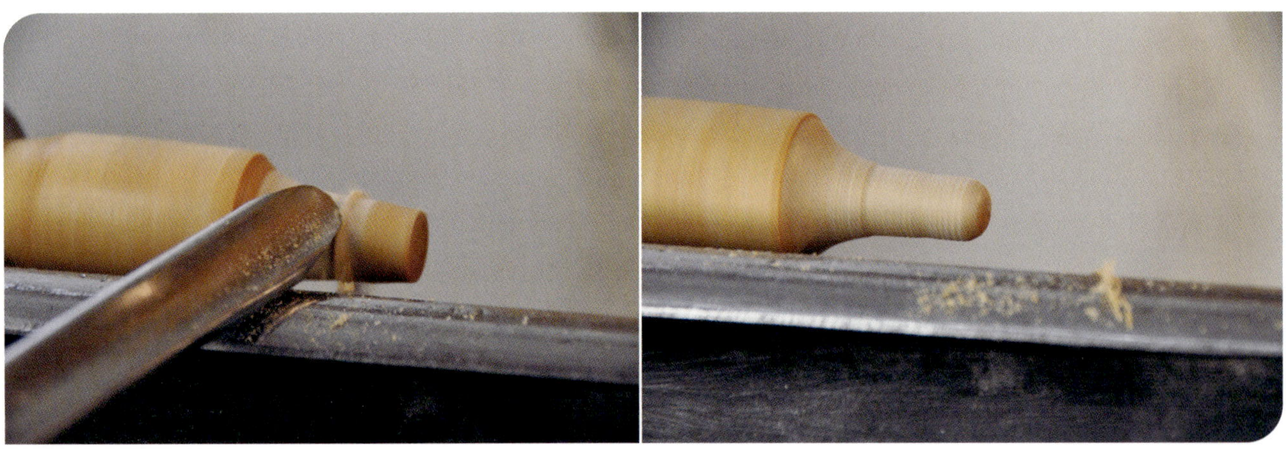

37 Die Größe der Blüte wird definiert.

38 *Mit einem Spezialmeißel wird das Werkstück gedrechselt.*

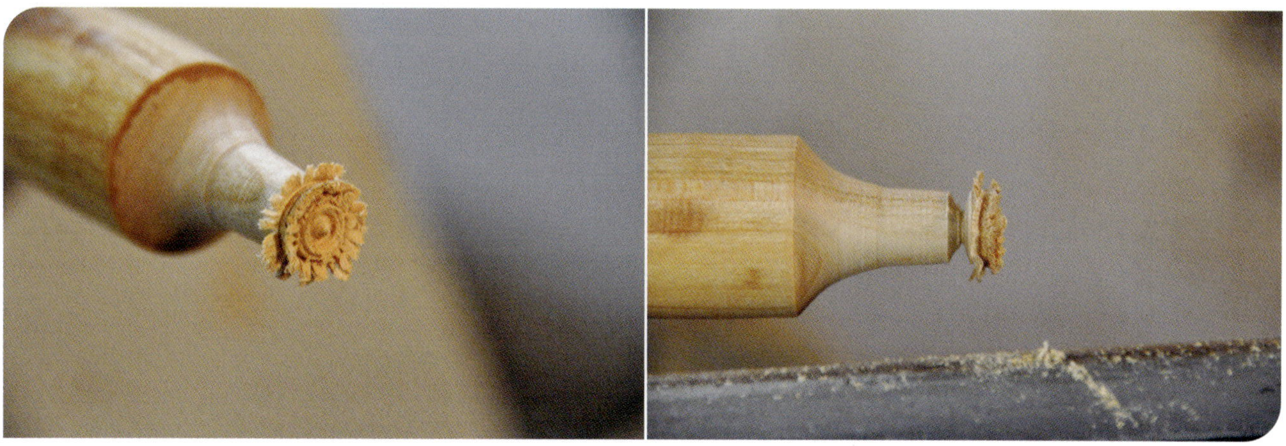

39 Je größer die Holzfeuchtigkeit des Holzes ist, desto leichter lässt sich die Apfelblüte gestalten.

40 Die Blüte wird in den Boden der Dose geleimt und das Werkstück ist fertig.

41 Nach der Oberflächenbehandlung ist die Dose fertig.

Natürlich können auch andere Obstarten hergestellt werden.

Dreibeinhocker

Der Dreibeinhocker ist eine praktische Sitzgelegenheit, welche leicht zu verstauen ist. Außerdem wackelt dieser selbst auf unebenen Böden nicht.

1

Das Holz wird für dieses Werkstück aus Eschenholz zugerichtet.

2 Nachdem die drei Hölzer für die Sitzfläche ausgehobelt worden sind, werden diese richtig zusammengelegt, wobei die rechte Seite des Baumes (die kernnahe Seite) wechselt. Es gilt beim Zusammenfügen die Regel, Kern an Kern und Splint an Splint zu legen. Das heißt: Die Bretter werden so gelegt, dass die rechte Seite zur rechten Seite liegt und die linke Seite zur linken Seite. Durch den Trockenvorgang des Holzes schwindet dieses unterschiedlich stark – je nach Schwundrichtung (radial, tangential, achsial). Die Hölzer werden so verleimt, dass der Kern einmal oben und einmal unten ist. Dadurch wird einem einseitigen Verzug entgegengewirkt.

3 Um Verwechslungen zu vermeiden, werden die Teile mit einem Dreieck zusammengezeichnet.

4 Nun sind die Leimfugen klar definiert und können auf der Abrichthobelmaschine gefügt werden. Vor dem Verleimen sollten Zulagen und Zwingen bereitstehen.

5 Die Leimfugen werden satt beleimt und mittels Zwingen verpresst.

6 Zwei Zulagen an der Ober- und der Unterseite verhindern das Verrutschen der einzelnen Teile.

7 Nach dem Trocknen des Leimes wird die Sitzfläche kreisrund ausgeschnitten.

8 Eine Maßleiste der Hockerfüße wird angefertigt.

9 Mit dieser lassen sich die einzelnen Maße rationell auf das Werkstück übertragen.

10 Nun wird die Form des Fußes gedrechselt, wobei diese individuell gestaltet sein kann.

11 Sobald der Drechsler eine Hälfte geformt hat, beginnt er, von der Mitte beginnend, die zweite Hälfte zu drechseln.

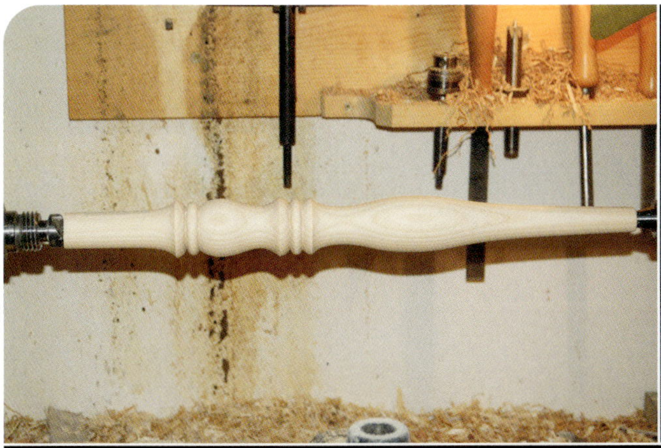

12 Ist der Hockerfuß fertig gedrechselt, wird dieser geschliffen.

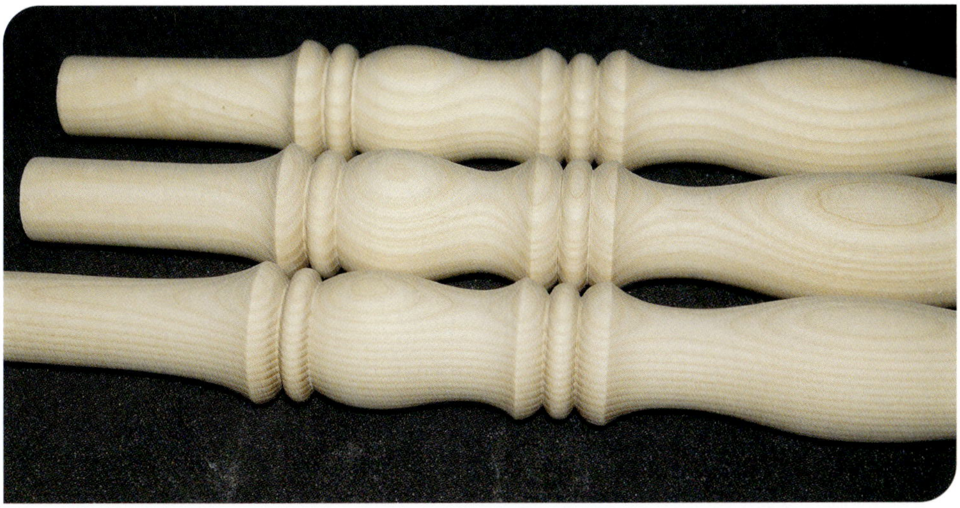

13 *Man sollte besonders bemüht sein, drei annähernd gleiche Füße herzustellen.*

14 Um die Sitzfläche bearbeiten zu können, wird diese mit einer Planscheibe verschraubt, welche dann an der Spindel montiert wird.

15 Die Scheibe wird zuerst rund gedrechselt, dazu verwendet man am besten eine Schüsselröhre.

16 Danach wird ein schwalbenschwanzförmiger Innenfalz gedrechselt, welcher später zum Umspannen dient.

17 Die Handauflage wird leicht unter der Mitte eingestellt, damit bis zum Zentrum gedrechselt werden kann.

18 Mit dem Bleistift werden Hilfslinien aufgetragen und die Spanabnahme kann beginnen.

19 *Eine Hohlkehle wurde geformt.*

20 Um den Hocker später gut tragen zu können, wird mit der kleinen Röhre noch eine Vertiefung gedrechselt.

21 Mit dem Spitzzirkel wird die Hilfslinie für die Bohrungen aufgetragen.

22 Diese Linie wird mit der Meißelspitze nachgestochen.

23 Danach wird die Sitzfläche geschliffen und in ein Spannfutter gespannt.

24 Nun beginnt der Drechsler mit der Vertiefung, welche die eigentliche Sitzfläche bilden soll.

25 Mit einer Leiste und einem Maßlineal wird die Tiefe definiert.

26 Nach dem Schleifen ist die Fläche fertig und kann ausgespannt werden.

27 Mit dem Zirkel werden die drei Bohrungen eingeteilt. Dazu wird der Radius der Kerbe am Umfang aufgetragen und man erhält sechs Teile.

28 *Ich habe die Löcher auf einer Langlochbohrmaschine gebohrt und mir dafür eine schräge Schablone mit ca. 15 Grad am Tisch befestigt.*

29 Selbstverständlich können die Bohrungen auch auf einer Ständerbohrmaschine hergestellt werden. Das Werkstück wird mit einer Zwinge festgespannt und gebohrt.

30 Bitte beachten Sie, dass der Bohrer schräg zum Werkstück steht und die Sitzfläche hohl gedrechselt wurde, damit Sie keine böse Überraschung erleben.

31 Die Zapfen der Hockerfüße werden eingeschnitten, um verkeilt werden zu können. Nur diese Technik gewährleistet einen dauerhaften Halt der Füße. Um ein Aufspalten des Holzes zu vermeiden, muss der Schnitt quer zu den Jahresringen verlaufen.

32
Danach werden die Keile im Verhältnis 1 : 7 hergerichtet. Das bedeutet: Wenn ein Keil 7 Zentimeter lang ist, soll die Dicke 1 Zentimeter betragen.

33 Nachdem die Bohrung gut beleimt worden ist, wird der Keil in den Schlitz gesteckt und der Fuß in das Loch geschlagen.

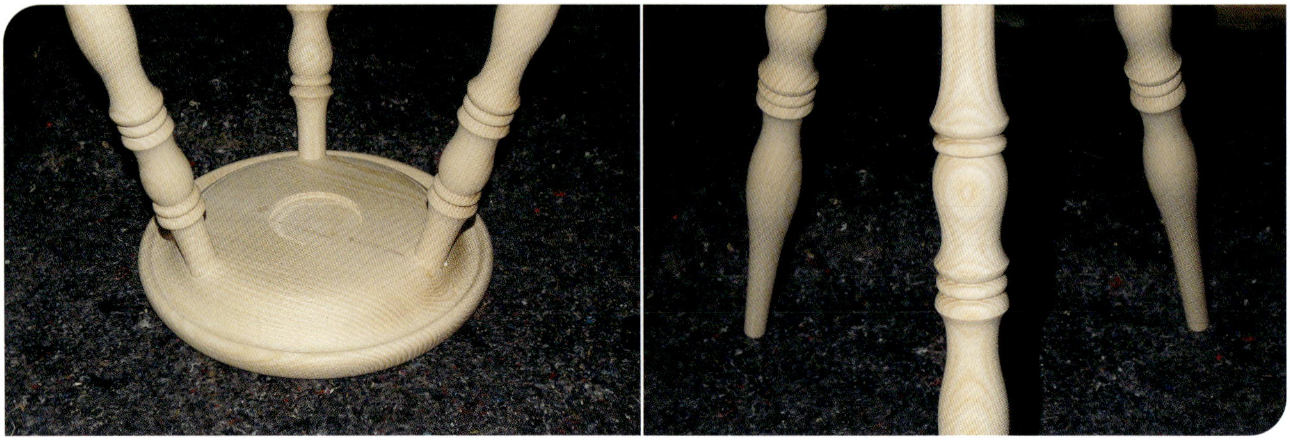

34 Diese Art des Verkeilens nennt man Blindverkeilung, weil der Keil nicht sichtbar ist. Diesen Arbeitsschritt wiederholt man, bis alle Füße verkeilt sind.

35 Um einen guten Stand des Hockers zu gewährleisten, müssen die Füße noch schräg geschnitten werden. Dazu wird der Hocker auf eine ebene Fläche gestellt. Eine Leiste mit ca. 1 Zentimeter Dicke wird aufgelegt, um mit der Säge den Schnitt parallel durchführen zu können.

Nach der Oberflächenbehandlung ist das Werkstück fertig.

Notenständer

Dieses Werkstück liegt mir besonders am Herzen, deshalb möchte ich es Ihnen keinesfalls vorenthalten. Dieser Notenständer ist an der HTBLA Hallstatt entworfen worden und wird auch dort seit rund 50 Jahren gefertigt. Diese Schule ist eine Unikatschule, welche europaweit die einzige ihrer Art ist. Mitten im malerischen Ort Hallstatt befindet sich diese Schule mit ca. 500 Schülerinnen und Schülern. Diese Höhere Technische Bildungsanstalt führt neben den Abteilungen Raum und Objektgestaltung, Restauriertechnik, Tischlerei, Bootsbau, Instrumentenbau, Bildhauerei und Meisterschulen die Abteilung Drechslerei.
Gerade diese Abteilung lehrt, unter der Leitung meines Lehrmeisters Herrn Dipl. Päd. Günter Rainer, den Schülern dieses einzigartige Handwerk. Meinem Lehrmeister danke ich, welcher mich durch sein fachkundiges Wissen, handwerkliches Können sowie sein enormes Formgefühl zum Drechsler machte. Seine Gabe, Traditionelles sowie Modernes zu unterrichten, schätze ich sehr.

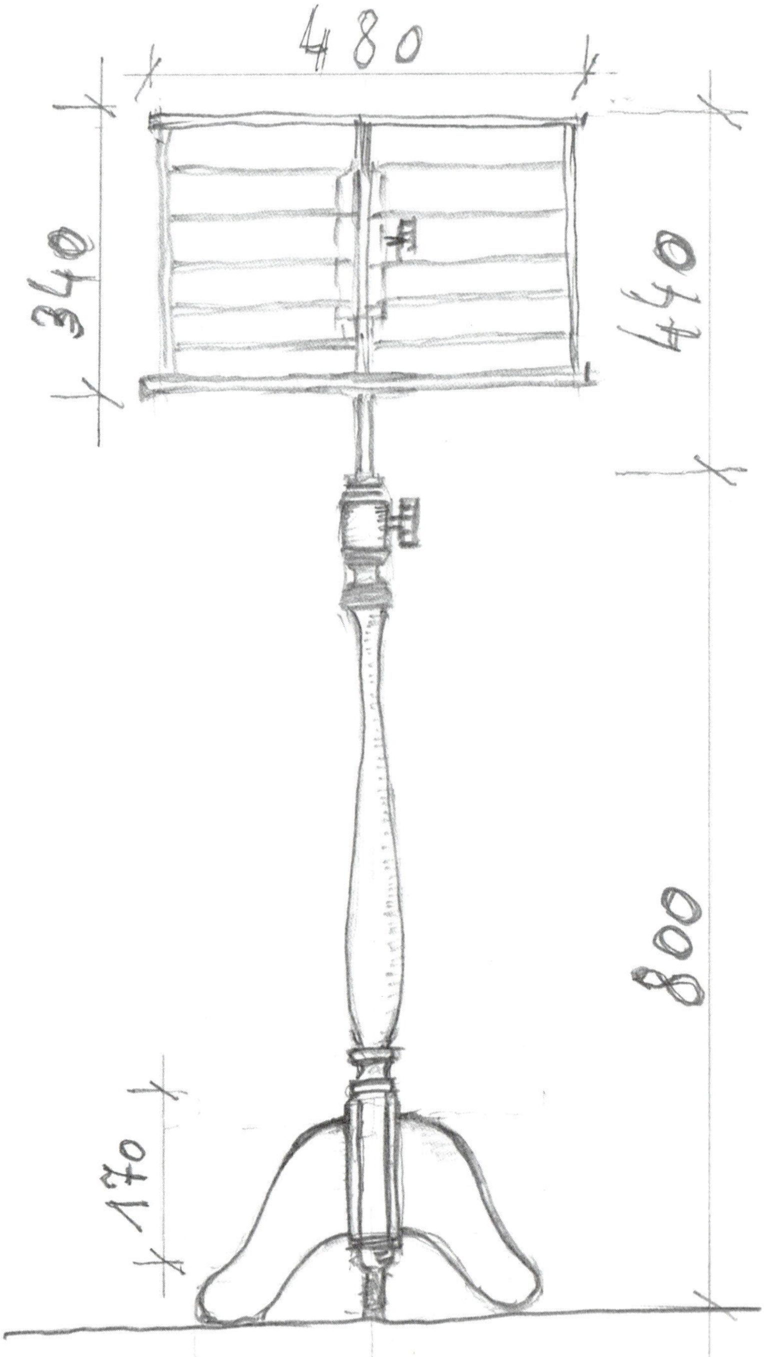

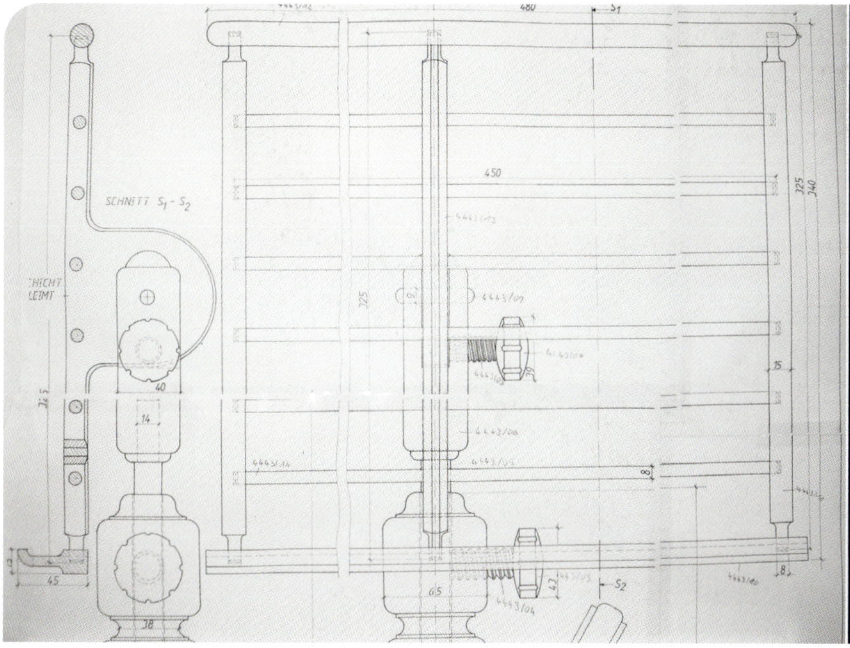

1 Liebe Leserinnen und Leser, ich empfehle Ihnen, bei diesem Werkstück, wenn nötig, mit einem Tischler zusammenzuarbeiten. Für den Notenständer habe ich die Holzart Esche ausgewählt. Als Erstes wird die Notenauflage gefertigt.

2 Das Mittelstück und die Stäbe werden zugerichtet.

3 Der Mittelteil wird aus drei 5 Millimeter starken Lamellen zusammengeleimt.

4 Der obere Stab wird gedrechselt.

5 Wird dieser Stab ohne Lünette gedrechselt, muss der Drechsler das Werkstück festhalten, wobei der Daumen am Werkzeug liegt.

6 Mit der Schiebelehre wird der Durchmesser kontrolliert.

7 Ist die eine Hälfte fertiggestellt, wird der Rest bearbeitet.

8 Hier umklammern die Finger den Stab und der Handballen liegt am Meißel auf.

9 Das Maß wird immer wieder kontrolliert.

10 Danach wird der Stab mit einem Schleifklotz geschliffen, wobei dieser zügig über das Werkstück gleitet.

11 Zum Schluss wird das Werkstück nachgemessen.

12 Am Ende wird noch die Rundung gedrechselt.

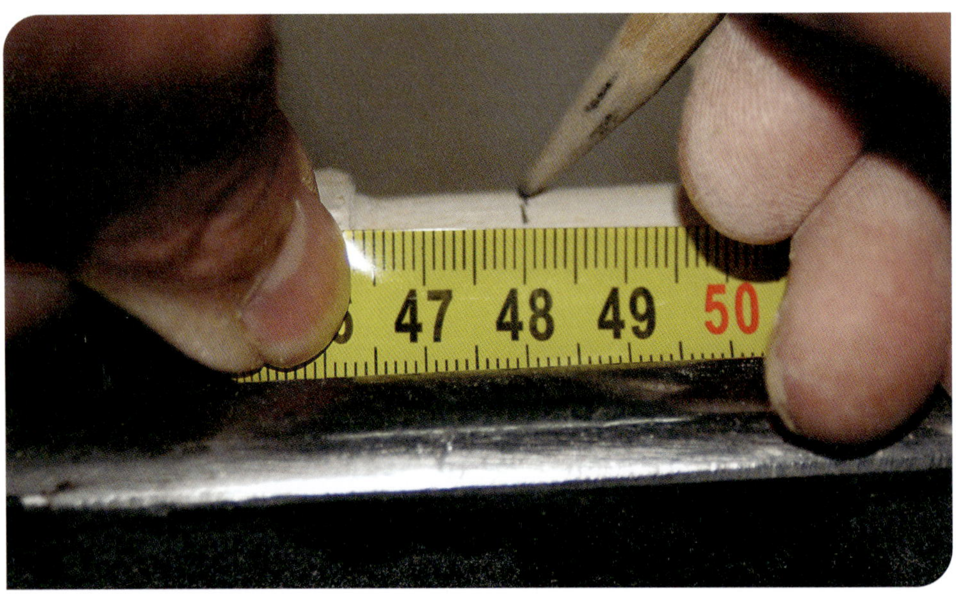

13 *Danach wird die Gesamtlänge definiert.*

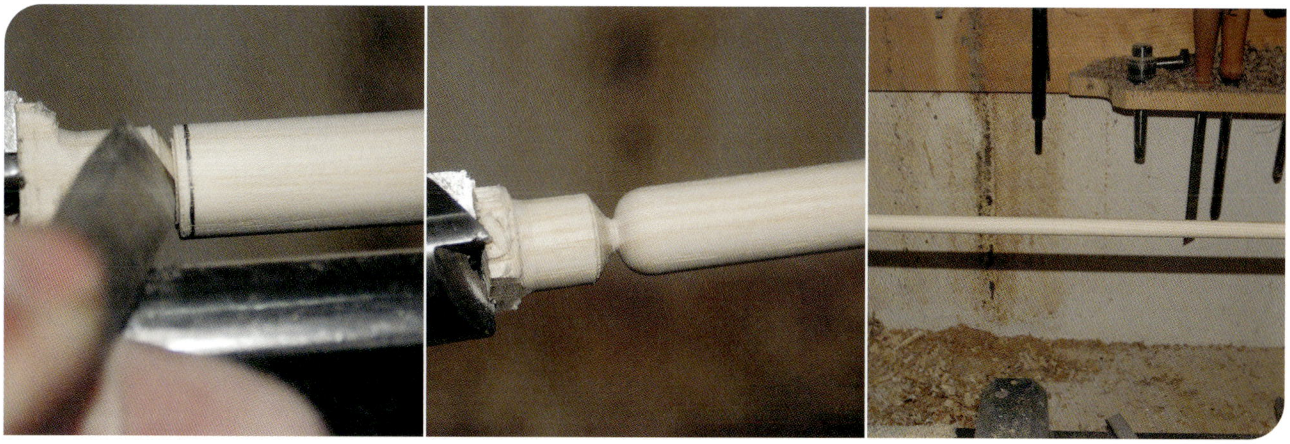

14 Jetzt kann auch die zweite Rundung gefertigt werden.

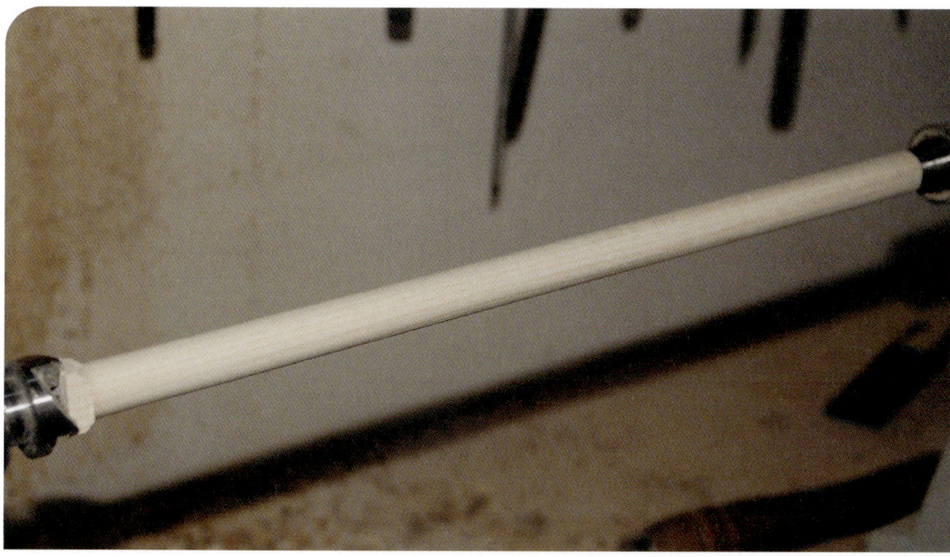

15 Genauso werden die beiden seitlichen Stäbe gedrechselt.

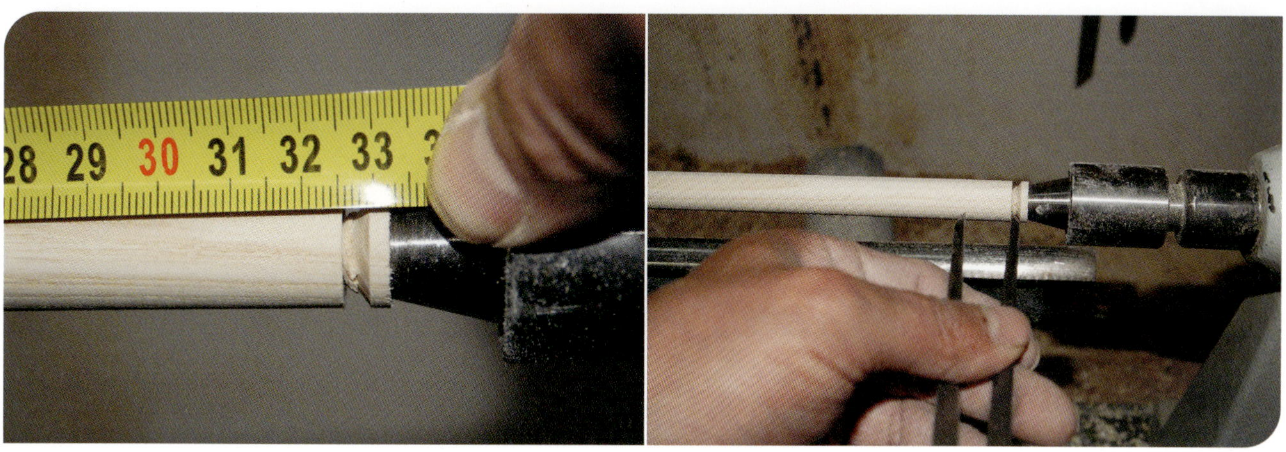

16 Dann wird die Länge bestimmt und die Zapfenlänge aufgetragen.

17 Die Zapfen mit einem Durchmesser von 8 Millimetern werden an beiden Enden gedrechselt.

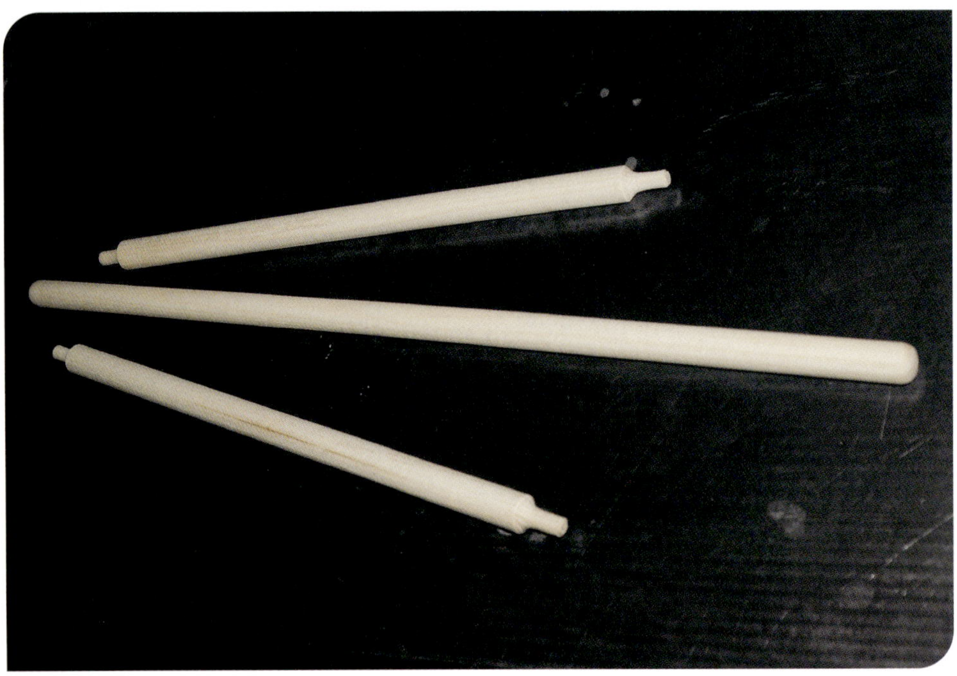

18 Nun sind die gedrechselten Stäbe fertig.

19 Danach werden die Lamellen des Mittelstückes beleimt und miteinander verpresst.

20 Während dieser Teil in Ruhe trocknet, können die restlichen Stäbe gefertigt werden. Es werden insgesamt noch sechs davon benötigt. Da die Stäbe nur 8 Millimeter stark sind, können diese nur sehr schwer gedrechselt werden. Hier bedient sich der Drechsler eines „Dübelziehers". Dieses Werkzeug funktioniert ähnlich wie ein Bleistiftspitzer.

21 Der kantige Stab, welcher auf einen Querschnitt von 9 x 9 Millimetern zugerichtet worden ist, wird in ein Bohrfutter an der Drechselbank gespannt. Den nächsten Arbeitsschritt führt man am besten zu zweit durch. Das Werkzeug wird bei stillstehender Spindel am fliegenden Ende angesetzt. Dann schaltet der Gehilfe die Drechselbank ein und der Dübelzieher wird in Richtung Spindel bewegt.

22 Aus dem Kantel wird nun ein Dübelstab mit 8 Millimetern.

23 Der Stab wird stets mit einer Hand geführt. Ist der Stab fertig gezogen, wird von der zweiten Person die Spindel zum Stillstand gebracht. Danach wird das Werkstück noch sparsam geschliffen.

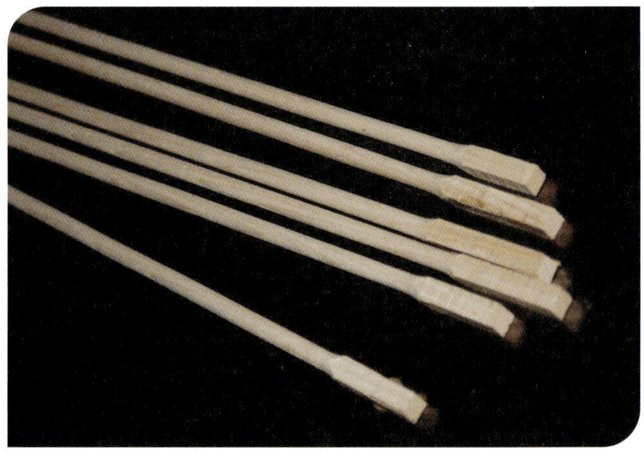

24 Dieser Arbeitsschritt wird bei allen sechs Teilen wiederholt.

25 Natürlich können diese Stäbe auch im Handel erworben werden, wobei die Holzart sicherlich nebensächlich ist. Um das Mittelstück ablängen zu können, habe ich mir eine Schneidelade hergerichtet.

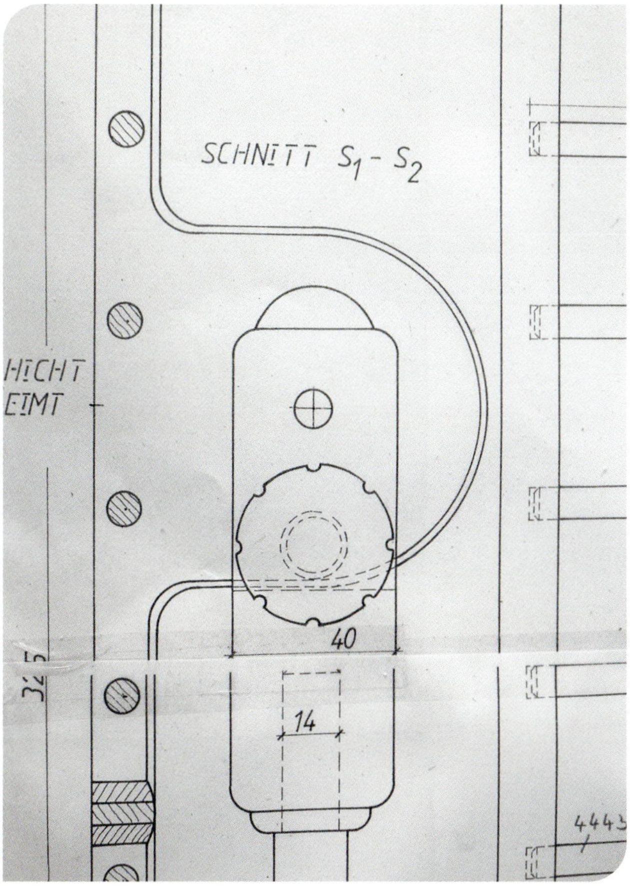

26 Jetzt muss die Form des Mittelstückes aufgetragen werden.

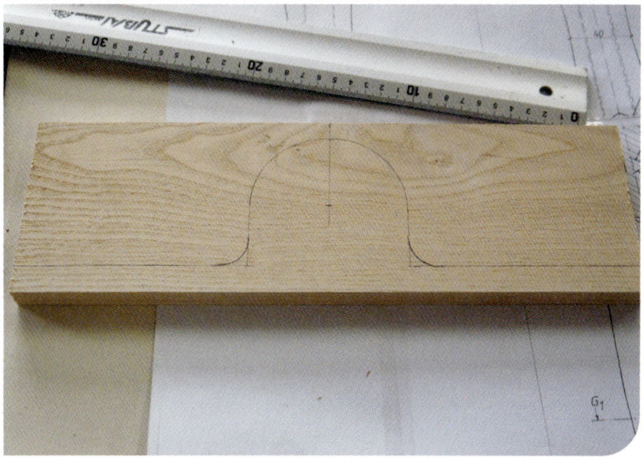

27 Mit einem Bleistiftzirkel wird die Rundung definiert.

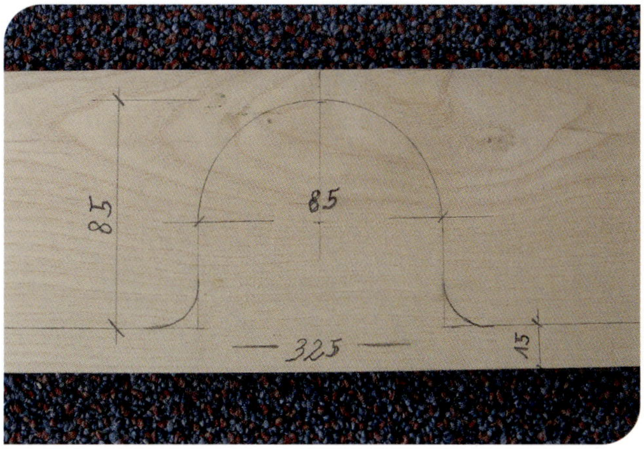

28 Hier die wichtigsten Maße.

29 Mit einer Bandsäge oder Stichsäge wird das Werkstück ausgeschnitten.

30 Danach werden die Kanten geschliffen.

31 Die Rundungen werden mit einem Schleifzylinder an der Ständerbohrmaschine bearbeitet.

32 Ein Oberfräser mit Anlaufring ermöglicht das Runden der Kanten.

33 Das Mittelstück wird nun an allen Kanten mit einer Rundung von 5 Millimetern gefräst.

34 Dann wird das Werkstück zwischen Körner und Mitnehmer eingespannt.

35 Achtung: Hier besteht bei Unachtsamkeit Verletzungsgefahr! Dabei darf ausschließlich nur eine kurze Handauflage verwendet werden.

36 *Dann können bei höchster Vorsicht die Zapfen an den Enden gedrechselt werden.*

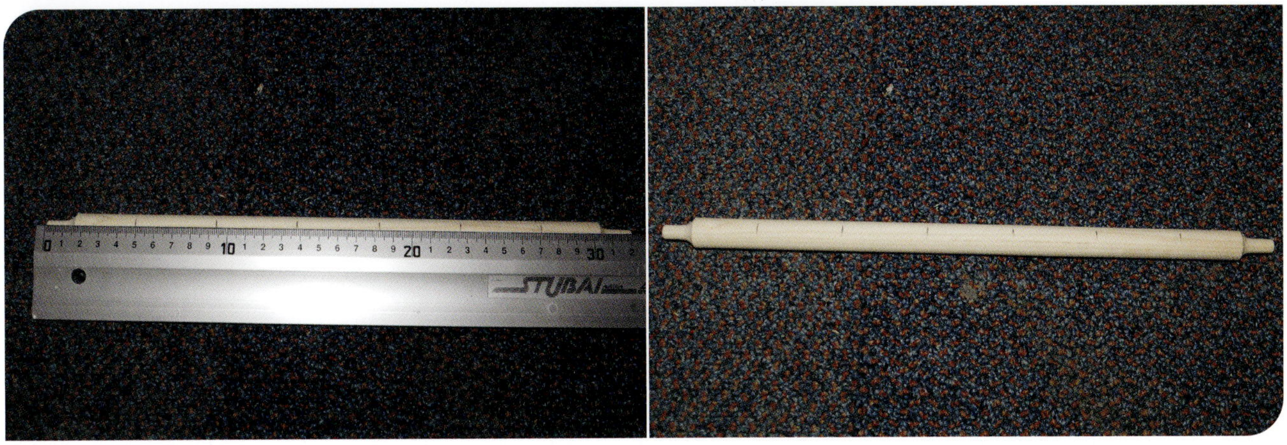

37 Im nächsten Arbeitsschritt werden die Bohrungen eingeteilt.

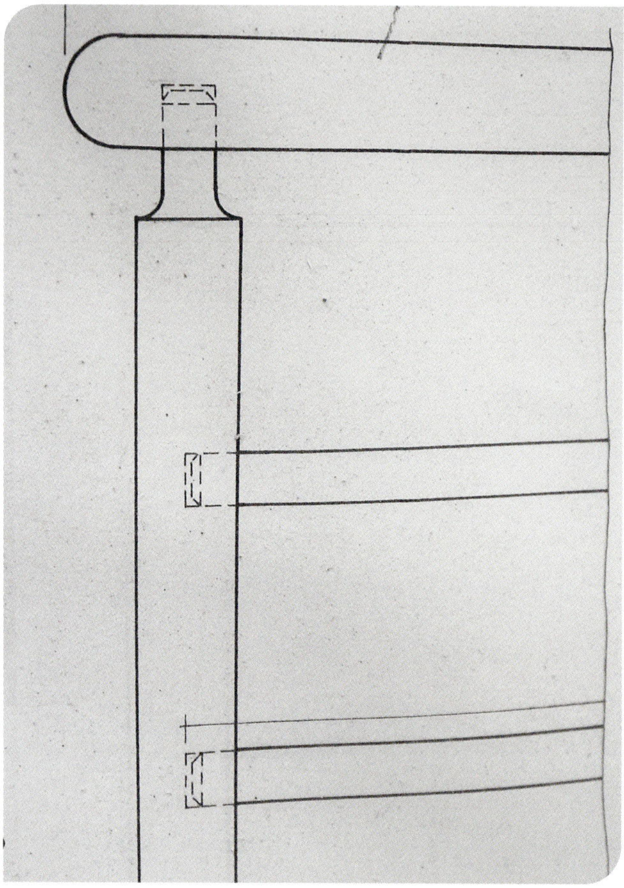

38 Hier noch das Detail der Holzverbindungen.

39 Damit die Werkstücke passgenau gebohrt werden können, wird aus zwei Dreikantleisten eine Lehre gefertigt.

40 Mit zwei Halterungen werden die Stäbe festgespannt.

41 Die Vorrichtung wird am Ständerbohrmaschinentisch an einer festgespannten Leiste geführt, wobei sich die Zentrierspitze des Bohrers im Zentrum des Werkstückes befindet.

42 Zusätzlich kontrolliert der Handwerkende, ob die Vorschneider des Bohrers gleichmäßig einschneiden.

43 *Die Tiefe der Bohrungen wird an der Bohrmaschine eingestellt.*

44 Beim Mittelstück werden die Löcher mit einem Bohrdurchmesser von 8,5 Millimetern gebohrt. Dabei darf nicht durchgebohrt werden, um Ausrisse zu verhindern.

45 Die Bohrtiefe wird so eingestellt, dass nur die Zentrierspitze des Bohrers das Werkstück durchbohrt.

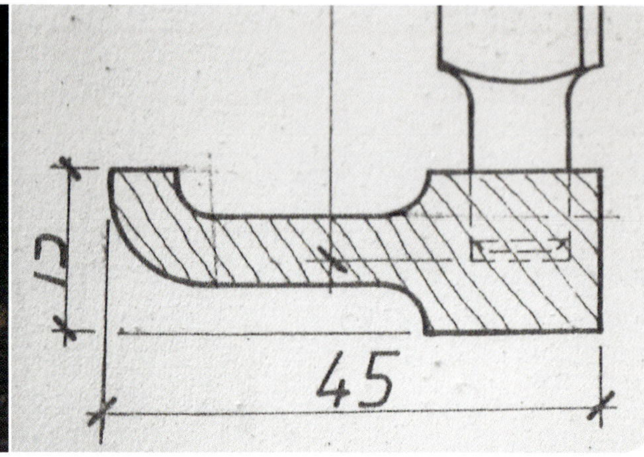

46 Danach wird von der anderen Seite beim Zentrierspitzenloch gebohrt. Die Notenleiste wurde an der Tischfräsmaschine hergestellt.

47 Diese Leiste und der obere Stab werden gleich gebohrt.

48 Die Querstäbe werden mit der Säge auf das richtige Maß geschnitten.

49 Die Einzelteile sind fertig zum Verleimen.

50 Dabei werden nur die Zapfenlöcher beleimt, um einen unnötigen Leimaustritt zu vermeiden.

51
Beim Leimen beachte man die Arbeitsfolge.

52 Danach beginnt man mit der Fertigung des Ständers. Die Säule des Notenständers wird aus zwei Hälften verleimt, wobei an der Innenfläche eine Hohlkehle gefräst wurde.

53 Diese dient später der Höhenverstellung des Notenhalters. Die Säule hat ein Fertigmaß von 70/700 Millimetern. Auf die richtige Verleimung ist zu achten.

54 Ein Dreieck definiert genau die Leimfuge.

55 Die beiden Teile werden so beleimt, dass ein Leimaustritt in die Hohlkehle vermieden wird.

56 Mit Drahtstiften werden die beiden Teile verbunden, um ein Verrutschen beim Verleimen zu verhindern.

57 Damit ein ausreichender Pressdruck erreicht werden kann, sollte mit den Zwingen nicht gespart werden.

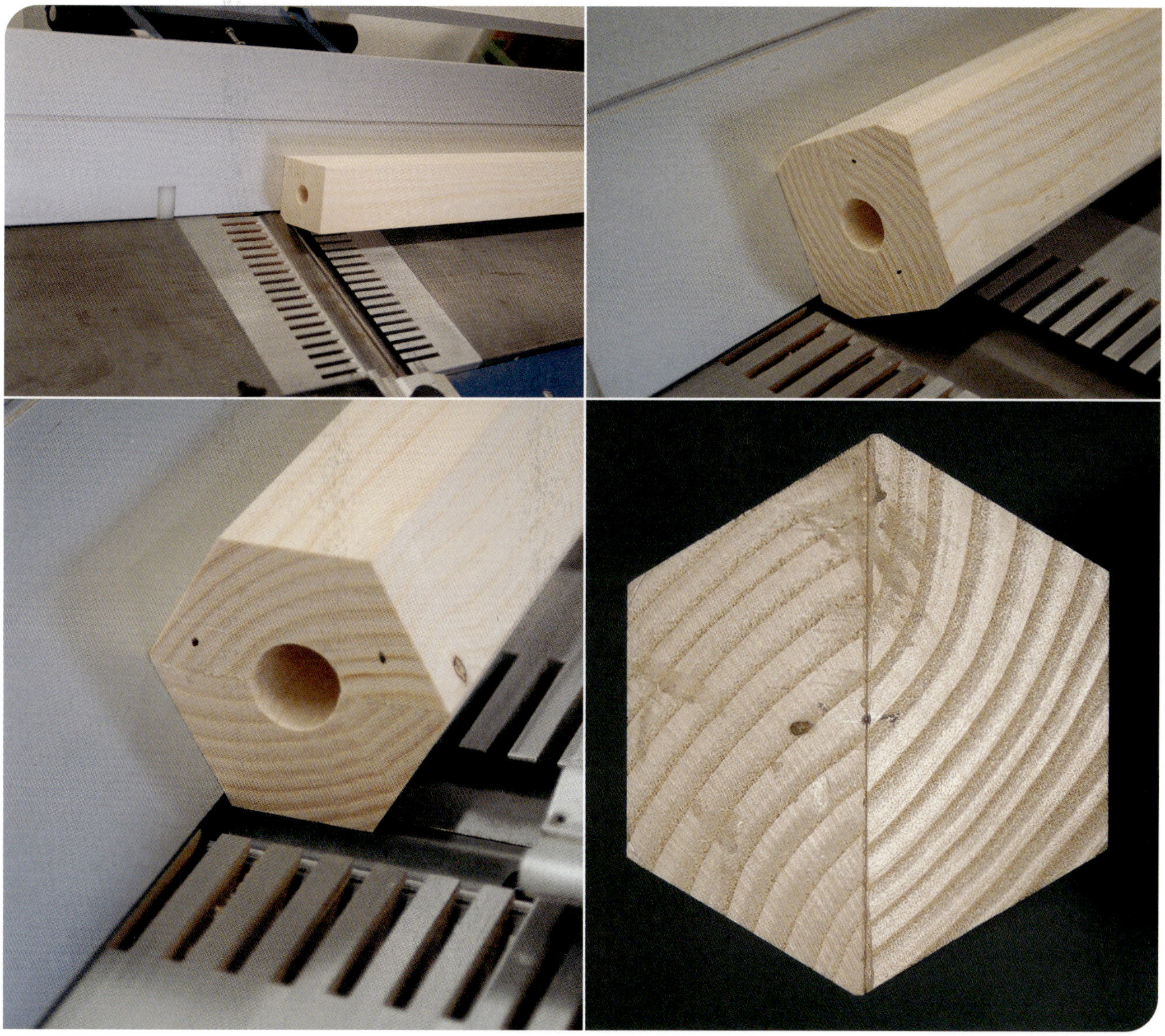

58 Nun wird die Säule an der Abrichthobelmaschine zu einem Sechskant gehobelt.

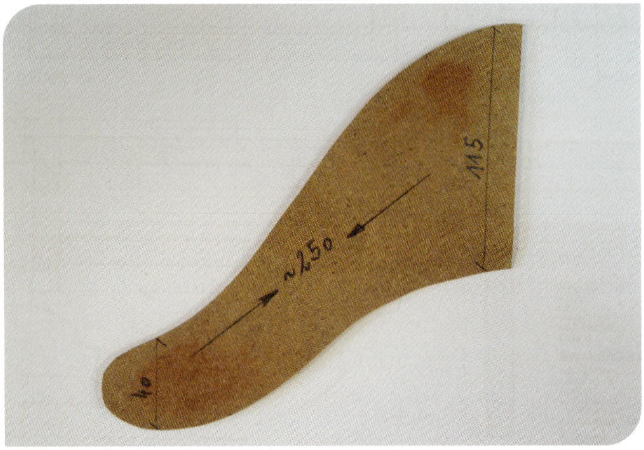

59 Für die Herstellung der Standfüße habe ich mir eine Schablone aus Hartfaser hergestellt.

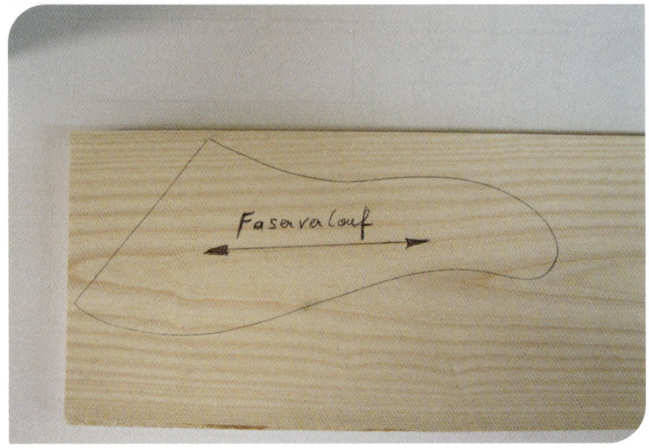

60 Beim Anreißen der Füße achte man stets auf den richtigen Verlauf der Holzfaser.

61 Die drei Standfüße werden mit der Bandsäge ausgeschnitten.

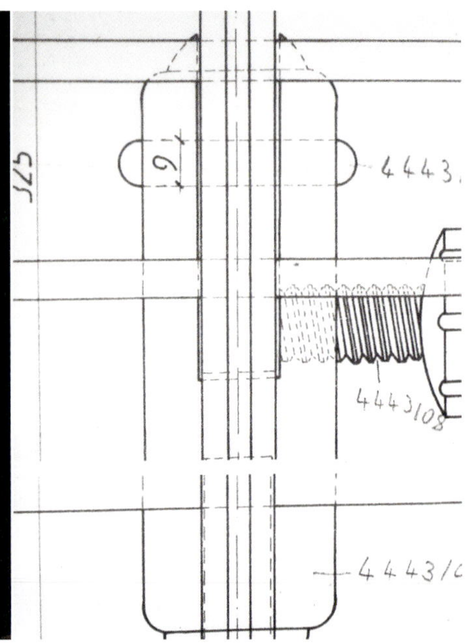

62 Zur Herstellung des Drehgelenks werden zwei Kantel zugerichtet.

63

Bei einem Kantel wird im Zentrum ein Bohrloch an der Langlochbohrmaschine gebohrt.

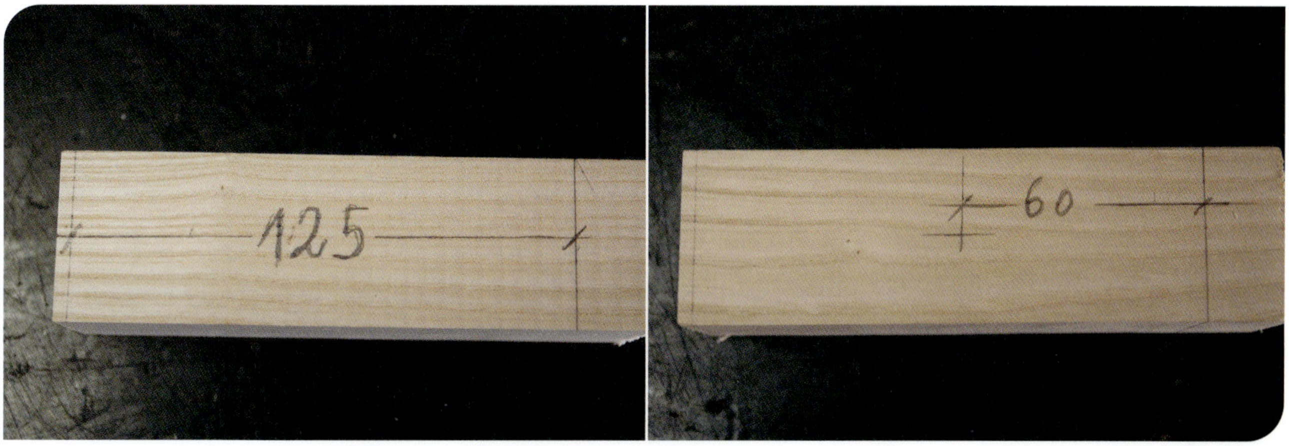

64 Die Gesamtlänge des Werkstücks beträgt 125 mm wobei bei 60 Millimetern ein Loch für das Gewinde gebohrt werden muss.

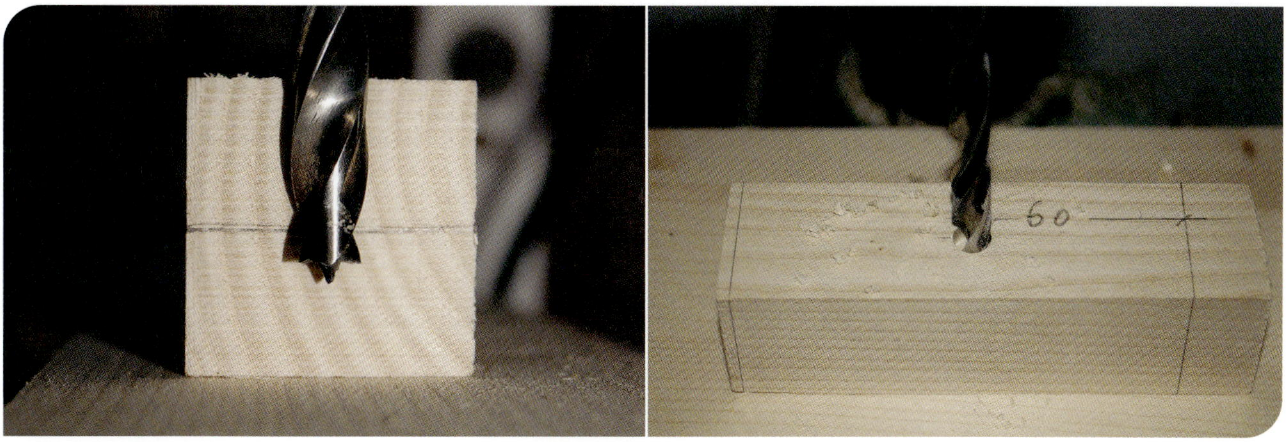

65 Die Bohrung, welche auf das Gewindeschneidwerkzeug abgestimmt ist, wird etwas über die Mitte gebohrt.

66 Das Schneidwerkzeug zur Herstellung eines Holzgewindes besteht aus dem Gewindeschneider und der Schneidkluppe.

67 Das Werkzeug wird an der Bohrung angesetzt und das Gewinde geschnitten. Ölspray erleichtert die Arbeit und die Oberflächengüte erhöht sich. Damit die richtige Schnittgeschwindigkeit erreicht werden kann, wird immer ruckweise, in halben Umdrehungen geschnitten.

68 Mit einem Streichmaß können die beiden Linien für das Schlitzstück markiert werden.

69 Nachdem mit der Bandsäge eingeschnitten worden ist, wird der Schlitz mit einem Stemmeisen ausgestemmt.

70 Danach wird das zweite Kantel in ein Einschlagfutter gespundet.

71 Dieses wird rund gedrechselt und in Form gebracht.

72 Das Werkstück wird samt Einschlagfutter von der Drechselbank abgenommen. Die Schlitzstärke des Drehgelenks wird aufgetragen.

73 Mit einer Säge wird ein Zapfenstück hergestellt und im Zentrum wird ein Nagel eingeschlagen sowie der Nagelkopf abgetrennt.

74 Das Futter wird nun wieder an der Drehbankspindel montiert und das Schlitzstück kann gespannt werden.

75 Das Werkstück kann jetzt geformt werden.

76 Eine Bleistiftlinie definiert die Bohrung für die Achse.

77 Das Werkstück wird ausgespannt und das Loch zur Befestigung des Notenhalters wird von beiden Seiten gebohrt. Damit Ausrisse vermieden werden können, wird ein passgenaues Stück Holz in den Schlitz gesteckt.

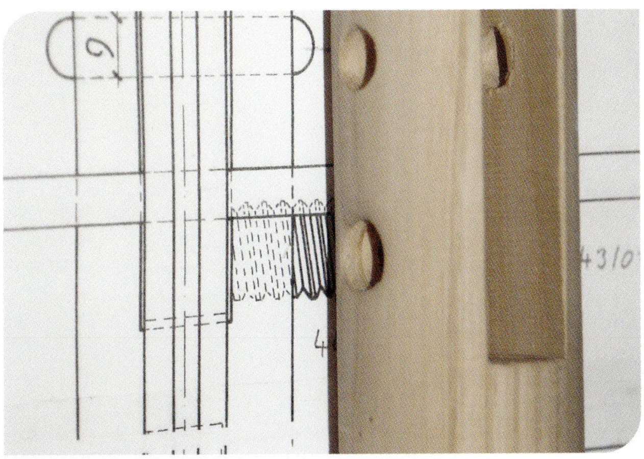

78 Das Verbindungsstück zum Notenhalter, welches ein Teil des Drehgelenks ist, ist nun fertig.

79 Die Achse, welche die beiden Teile verbindet, wird fliegend gedrechselt.

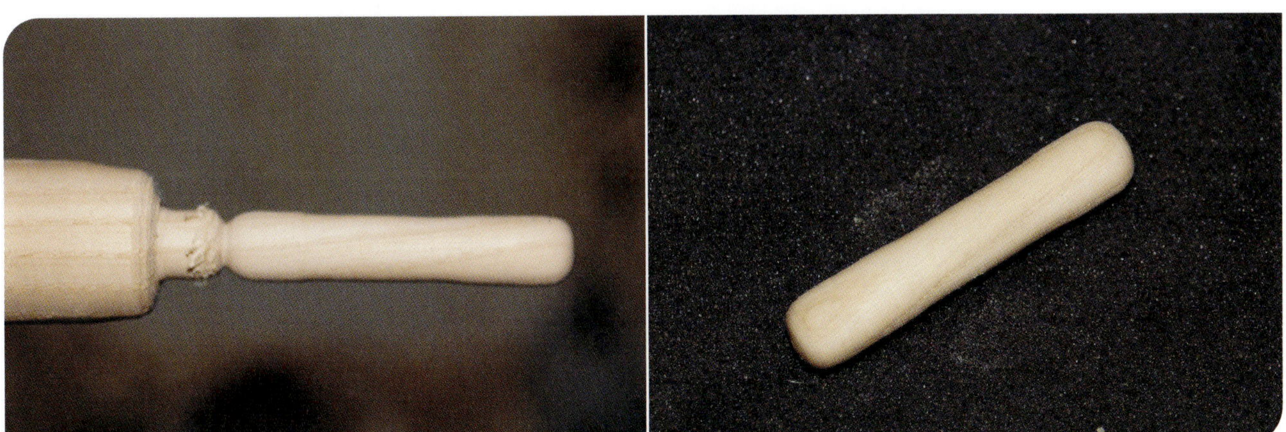

80 Für einen leichten Gang des Gelenks wird die Achse in der Mitte etwas hohlgeschliffen.

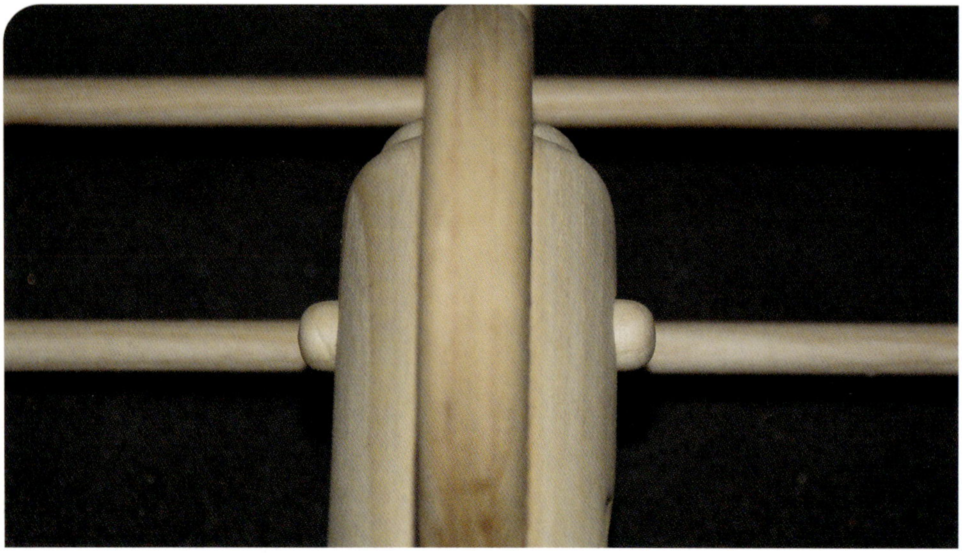

81 Diese Achse sollte so passgenau gefertigt sein, dass diese nicht verleimt werden muss. Somit kann der Notenständer jederzeit zerlegt werden.

82 Der Stab zur Höhenverstellung wird gedrechselt und mit dem Notenhalter verleimt.

83 Die Kanten der Standfüße werden an der Kantenschleifmaschine geschliffen, wobei die Schweifungen an der Rolle bearbeitet werden.

84 Danach wird ein Stab mit der Oberfräse gefräst.

85 *Am oberen Ende der Säule wird ein Loch gebohrt, um ein Gewinde schneiden zu können.*

86 Zur Bearbeitung der Säule wird diese zwischen Körner und Mitnehmer eingespannt, wobei ins Loch ein Stab gesteckt worden ist.

87 Der eckige Teil wird definiert.

88 Beim Drechseln achte man stets auf die Kanten des eckigen Teils.

89 Dann wird die Form der Säule gedrechselt.

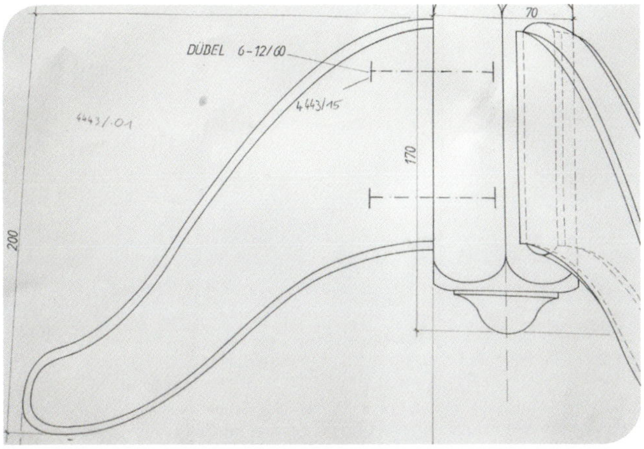

90 Die Füße werden mittels Dübelverbindung an der Säule befestigt.

91 Die Bohrlöcher werden unter Verwendung des Streichmaßes angezeichnet.

92 Danach werden die Löcher an der Langlochbohrmaschine gebohrt.

93 Damit die Holzdübel leichter ins Bohrloch eingeführt werden können, wird das Loch etwas ausgerieben.

94 Dieser Arbeitsschritt schafft auch Platz für möglicherweise austretenden Leim. Mittels Dübelspitzen werden die Bohrungen auf die Säule übertragen.

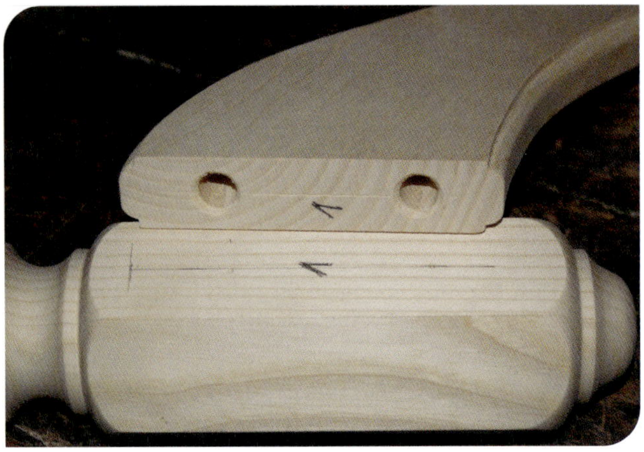

95 Das Nummerieren der Teile ist unbedingt notwendig.

96 Danach werden die Löcher an der Säule gebohrt.

97 Die Holzdübel werden ebenfalls gefast und sind um ca. 4 Millimeter kürzer als die Bohrungen.

98 Danach werden die Dübel zuerst in die Füße eingeleimt.

99 An der Hobelbank werden die Standfüße der Reihe nach an die Säule geleimt.

100 Dabei sollte immer auf eine passgenaue Fuge geachtet werden.

101 Zur Herstellung der restlichen Gewindeteile wird wiederum ein Schneidwerkzeug verwendet.

102

Die einzelnen Stäbe werden passgenau gedrechselt, wobei der Durchmesser nicht variieren darf.

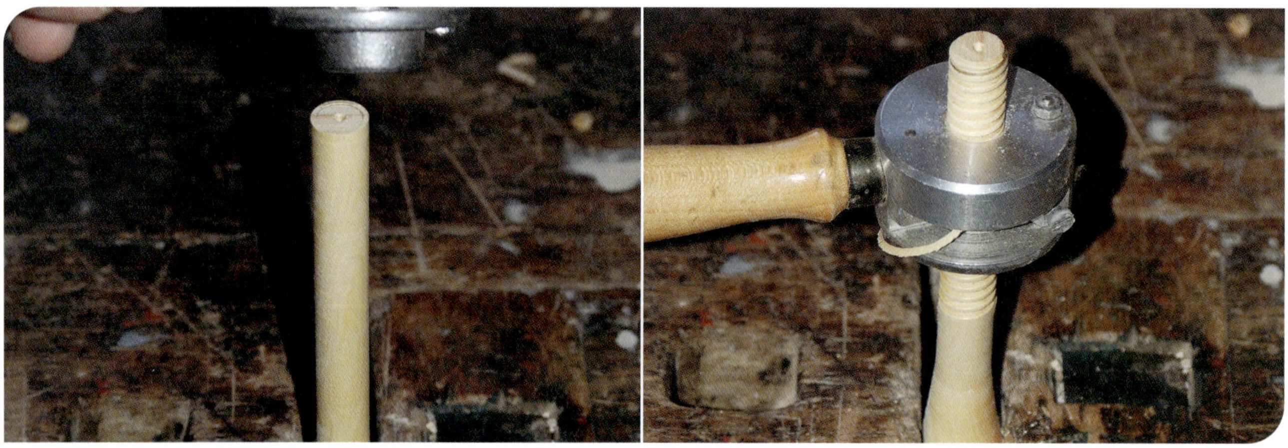

103 Ein Teil des Stabes bleibt kantig, um diesen einspannen zu können. Das Schneidwerkzeug wird aufgesetzt und das Gewinde geschnitten.

104 Der im Werkzeug montierte „Gaisfuß" (Schneide) sorgt für eine perfekte Spanabnahme.

105 Ich habe für diese Gewindeteile Buchsbaumholz verwendet, da sich dieses ausrissfrei schneiden lässt.

106 Holzarten, wie Ahorn, Buche, Hainbuche, Nuss, Mehlbeere, Birne oder Holunder, sind ebenso geeignet. Es sollte darauf geachtet werden, dass immer genügend Übermaß zugegeben wird.

107 Danach werden die Gewindeteile fertiggedrechselt.

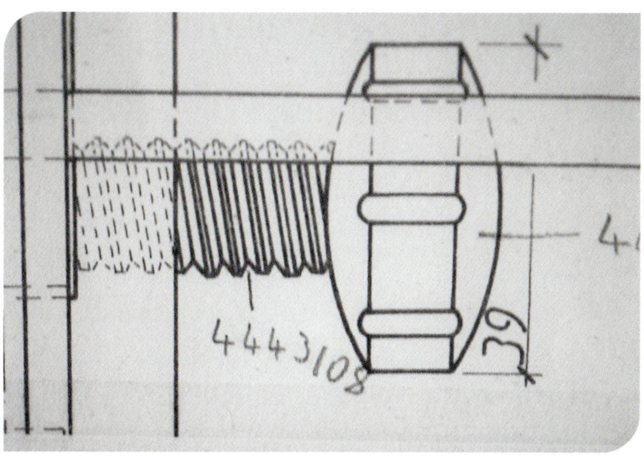

108 Die Griffteile dieser Feststellschrauben werden aus Längsholz gefertigt.

109 Dazu wird ein Kantel eingespundet und rund gedrechselt.

110 Der Außendurchmesser wird definiert und in sechs gleich große Teile geteilt.

111 Das Werkstück wird samt Einschlagfutter ausgespannt und die Löcher gebohrt.

112 Dabei ist die Tiefe nicht relevant. Hier gilt: Eher tiefer bohren.

113 Das Werkstück wird wiederum an der Drechselbank montiert, um dieses weiter bearbeiten zu können.

114 Der Griffteil wird nun auf den genauen Durchmesser gedrechselt.

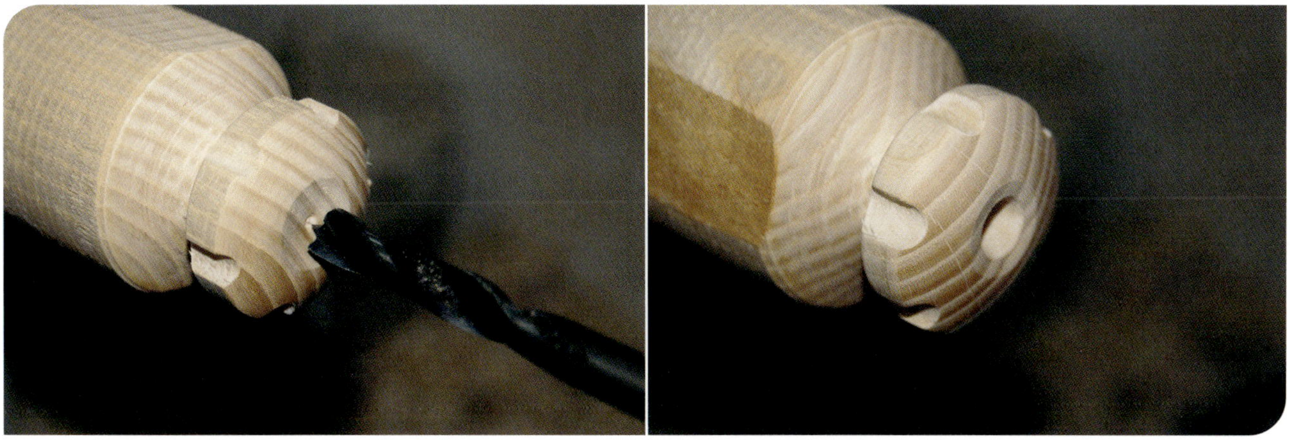

115 Nachdem die Form gestaltet worden ist, wird noch ein Loch für die Zapfenverbindung gebohrt.

116 Der Griffteil wird noch geschliffen und abgestochen. Dann kann dieser mit dem Holzgewinde verleimt werden.

117 Dieser Arbeitsschritt wiederholt sich bei beiden Feststellschrauben.

118 *Danach können die Gewindeteile eingeschraubt werden.*

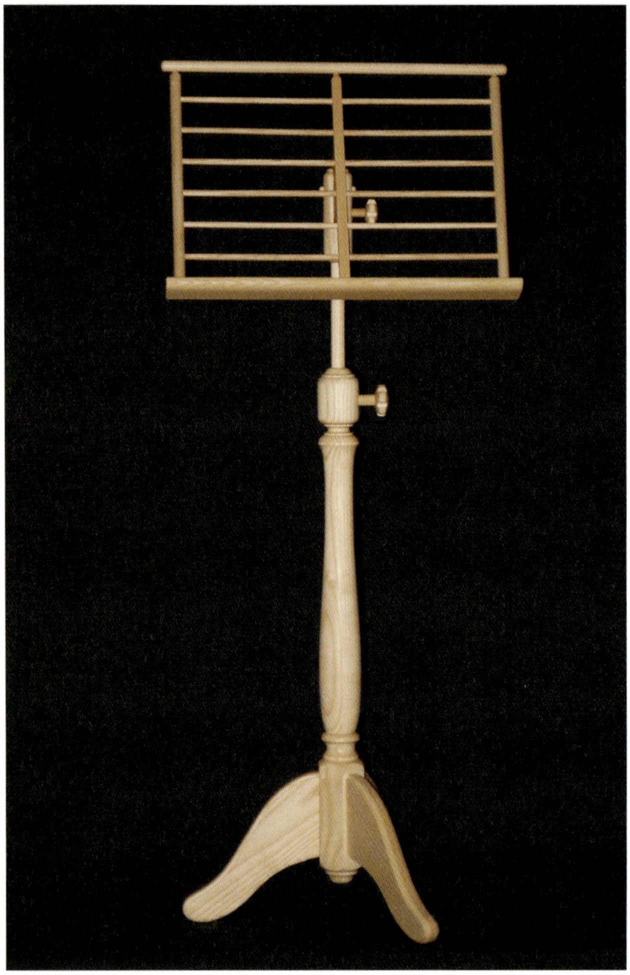

119

Nach der Oberflächenbehandlung kann der Notenständer nun zusammengebaut werden. Bei der Oberflächenbehandlung müssen die Gewinde abgeklebt werden, da diese sonst nicht mehr gängig wären.

Nach der Fertigung dieses
Werkstückes ist wahrscheinlich
jedem bewusst, wie vielfältig und
innovativ das Handwerk des
Drechslers ist.

Liebe Leserinnen und Leser,

bitte bedenken Sie stets, dass noch kein Meister vom Himmel gefallen ist, und wenn doch, hat es dieser nicht überlebt.

Ich möchte mich zum Schluss noch bei meiner Familie für die Unterstützung bedanken. Besonders bei meinem Sohn Lukas für die technische Hilfeleistung sowie bei meiner Tochter Theresa, welche mich bei der Bearbeitung der Bilder unterstützt hat.

Ganz besonders möchte ich mich auch bei meinem Kollegen und Freund, Herrn Fachoberlehrer Hubert Appesbacher, für die grafische Unterstützung bedanken.

Ein großes Dankeschön gilt der Fa. Holzprofi Austria für die werkzeugtechnische Unterstützung.